Photoshop 2022

+商业设计实战

设计基础

孙海曼 / 著

U0277526

人民邮电出版社

北 京

图书在版编目（CIP）数据

Photoshop 2022设计基础+商业设计实战 / 孙海曼著
. -- 北京：人民邮电出版社，2022.6（2023.6重印）
ISBN 978-7-115-50995-6

Ⅰ．①P… Ⅱ．①孙… Ⅲ．①图像处理软件 Ⅳ.
①TP391.413

中国版本图书馆CIP数据核字(2022)第032955号

◆ 著　　　孙海曼

　　责任编辑　赵　轩

　　责任印制　陈　犇

◆ 人民邮电出版社出版发行　　北京市丰台区成寿寺路 11 号
　　邮编　100164　　电子邮件　315@ptpress.com.cn
　　网址　https://www.ptpress.com.cn
　　涿州市京南印刷厂印刷

◆ 开本：787×1092　1/16
　　印张：10.75　　　　　　　 2022 年 6 月第 1 版
　　字数：232 千字　　　　　　2023 年 6 月河北第 3 次印刷

定价：69.90 元

读者服务热线：(010)81055410　印装质量热线：(010)81055316
反盗版热线：(010)81055315
广告经营许可证：京东市监广登字 20170147 号

Photoshop是全球著名的图像处理软件之一，由Adobe公司出品，是众多数字艺术设计软件中的旗舰产品。Photoshop在平面设计领域应用广泛，其强大的功能为图像处理和制作带来了很大的便利。Photoshop还是人们学习计算机软件的一个非常好的切入点，既能提高人们对数字艺术设计的兴趣，也能为学习其他设计软件打下良好的基础。本书主要使用Photoshop 2022进行讲解和制作。通过对本书的学习，读者不仅能熟练使用Photoshop 2022制作作品，还能掌握大量平面设计技巧。

本书依据Photoshop的功能来划分章节，并且层层深入地归纳整理了Photoshop的设计法则，一步一步帮助读者理解其中的奥秘。

本书特色

循序渐进，细致讲解

无论读者是否具备相关软件学习基础，是否了解Photoshop，都能从本书找到学习的起点。本书通过细致的讲解，帮助读者迅速入门。

实例为主，图文并茂

书中第2章~第13章配有实战案例，案例中的每个步骤都配有插图，帮助读者更直观、清晰地看到操作的过程和结果。

视频教程，互动教学

本书配套的视频教程内容与书中的知识紧密结合并相互补充，帮助读者体验实际工作环境，消化所学的知识、技能以及处理问题的方法，达到学以致用的目的，大大增强了本书的实用性。

增值服务

本书配套资源丰富，包含实战案例素材文件、结果文件和视频教程。读者可以在每日设计官网或App，搜索本书书号"50995"，在"图书详情"栏目底部获取资源下载链接。

● 图书导读

① 导读音频：了解本书的创作背景及教学侧重点。

② 思维导图：统览全书讲解逻辑，明确学习流程。

● 软件学习

① 全书素材文件和结果文件：使用和作者相同的素材，边学习边操作，快速理解知识点。采用理论学习和实践操作相结合的学习方式，更容易加深和巩固学习效果。

② 精良的教学视频：手把手教学，更加生动形象。在每日设计 App 本书页面的"配套视频"栏目，读者可以在线观看全部配套视频。

● **拓展学习**

① 热文推荐：在每日设计 App 本书页面的"热文推荐"栏目，读者可以了解 Photoshop 相关的最新资讯。

② 老师好课：在每日设计 App 本书页面的"老师好课"栏目，读者可以学习其他相关的优质课程，全方位提升自己的能力。

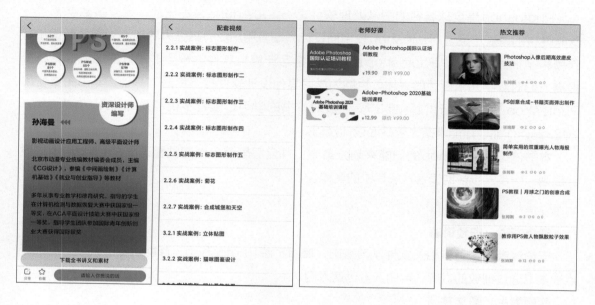

读者收获

学完本书后，读者不仅可以较熟练地掌握 Photoshop 2022 的操作方法，还将对平面设计的技巧有更深入的了解。通过由浅入深的学习，读者能逐渐掌握软件的基本操作方法和功能应用，将软件操作与设计工作融会贯通。

本书难免存在错漏之处，希望广大读者批评指正。

目录

设计基础篇

第 1 章
基本概念和操作

第 2 章
选择、图层和变换命令的基础运用

第 3 章
图层的高级应用 1

第 4 章
图像色彩的调整

第 5 章
绘图和修图工具

第 6 章
图层的高级应用 2

第 11 章
书籍封面设计

第 12 章
户外广告设计

第 13 章
包装设计

设计基础篇

第1章
基本概念和操作

本章首先讲解Photoshop在设计工作中的应用，以及图像的相关知识，让读者对Photoshop设计有一个初步的了解。接下来介绍Photoshop 2022的界面和绘制，以及图像操作基础，为读者后续的学习打下良好的基础。

本章核心知识点：
· Photoshop 的应用领域
· 图像的基本概念
· Photoshop 软件界面和控制
· 图像操作基础

1.1 Photoshop的应用领域

Photoshop是全球著名的图像处理软件之一，由Adobe公司出品，是众多数字艺术设计软件中的旗舰产品。Photoshop主要用于处理像素所构成的数字图像，进行图片编辑。Photoshop具备很多强大的功能，在图像、图形、文字、视频、出版等各方面都有应用。学会使用Photoshop，可担任多种设计岗位的工作。

1.1.1 商业插画

Photoshop 2022拥有非常强大的绘图功能，支持用户创作儿童绘本、商业插画、卡通漫画等作品，如图1-1所示。

图1-1

1.1.2 数码后期修片

Photoshop 2022拥有非常成熟的修图和调色功能。学习和掌握它们，可成为数码后期修片师。本书将细致讲解人像摄影作品的精修、塑形，以及对照片成品的数码设计，拓展照片的艺术表现空间，增强照片的艺术感染效果，如图1-2所示。

图1-2

1.1.3 平面设计

Photoshop 2022可以用来设计专业的平面设计作品，包括报纸广告、海报招贴、书籍包装等，如图1-3所示。

图1-3

> **提示**　学会Photoshop可以实现很多视觉创意，但本书主要服务于想从事专业平面设计相关职业的读者，所以在功能的讲解上会侧重商业实用性。

1.2 图像的基本概念

要想真正掌握Photoshop，仅仅掌握软件的操作是不够的，还需要掌握图像的基本知识，如图像类型、图像格式、颜色模式和色彩原理等。下面将讲解一些图像的基本概念。

1.2.1 位图和矢量图

在计算机中，图像是以数字方式记录、处理和保存的。图像分为两种类型：矢量图与位图。这两种类型的图像各有优缺点，两者各自的优点又恰好可以弥补对方的缺点。因此在绘图与图像处理过程中，往往需要将这两种类型的图像结合运用，才能取长补短，使作品更加完善。

1. 位图

位图指由一个个具有独立颜色的像素组成的图像，也称为栅格图。Photoshop 主要处理的就是位图。

位图能够表现出颜色和色调的丰富变化，可以逼真地呈现自然景观，记录丰富的光影变化。同时，绝大多数软件都支持使用位图。位图的缺点是，在图像放大程度过高时会出现马赛克现象，如图1-4所示。而且位图文件尺寸较大，因此对内存和硬盘空间容量的要求较高。位图图像的分辨率越高，图像质量越好，色彩越丰富，图像越精美；相反，分辨率越低，图像质量越差，色彩也相对单调一些。

图1-4

2. 矢量图

矢量图是利用Illustrator、CorelDRAW等图形软件绘制的图形，它由用数学方式描述的曲线组成，其基本组成单元是锚点和路径。不论放大或缩小多少倍，它的边缘都是平滑的，如图1-5所示，所以非常适用于诸如标志、插图等色块与线条特征明显的图形。

但也正是因为这个特点，矢量图不适合表现色调丰富的图像，无法像照片一样精确地记录人或环境的原貌。

图1-5

1.2.2 像素

像素是描述图像文件大小的单位。在Photoshop 中将图像（位图）放大到一定程度后，就可以看到一个个小方块，每一个小方块都拥有自己独立的颜色，这些小方块就是像素。像素是位图最基本的单元，每张位图都是由大量这样的小方块组成的，在Photoshop中处理位图的本质是对像素进行处理。

1.2.3 图像的分辨率

图像的分辨率用于描述图像的精度。在位图中，一般用1英寸（1英寸=2.54厘米）有多少像素来计算图像的分辨率，即单位为像素/英寸。分辨率越大，单位长度里的像素也就越多，图像色彩就越丰富，同时文件尺寸也越大。这就意味着，在制作或处理图像时，图像分辨率设置并不是越大越好，而是要根据具体的情况来设定。通常情况下，用于出版印刷的图像的分辨率为300像素/英寸；用于网页设计的图像则较小，设置为72像素/英寸即可。

1. 改变图像的分辨率

图像的分辨率可以在新建文件时设定。也可以修改已有图像的分辨率，执行"图像→图像大小"命令，弹出图1-6所示的"图像大小"对话框，在此对话框中修改分辨率的大小。

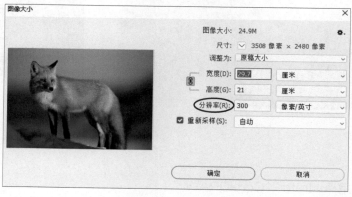

图1-6

> **提示** 将图像的分辨率从大改小是没有任何问题的，但如果从小改大，则会出现图像失真模糊的现象。

2. 常见的分辨率

（1）屏幕分辨率——72像素/英寸

计算机显示器、电视机屏幕的分辨率是72像素/英寸。如果只需要在屏幕上显示，例如网页、游戏、软件等，将其分辨率设置为72像素/英寸即可，如图1-7所示。

（2）印刷分辨率——300像素/英寸

如果作品将被印刷，那么一开始就要将图像设置为300像素/英寸或者更高的分辨率，这非常重要，300像素/英寸是印刷品清晰度的基本保障，如图1-8所示。

图1-7　　　　　　　　　　　　　　　　　　　　　　　图1-8

（3）喷绘——30~45像素/英寸

喷绘一般用于户外广告，它输出的画面很大，如高速公路旁众多的广告牌画面。喷绘公司为保证画面的持久性，一般会将作品色彩设置得深一点，实际输出的图像分辨率一般为30~45像素/英寸，如图1-9所示。

（4）写真——300~1200像素/英寸

写真一般在室内使用，它的画面通常只有几平方米大小，如展览会上厂家使用的广告。写真机使用的介质一般是PP纸、灯片，并使用水性墨水印刷。输出图像后，还要覆膜、裱板才算完成，输出分辨率可以达到300~1200像素/英寸（机型不同，分辨率会有不同）。它的色彩比较饱和、清晰，如图1-10所示。

图1-9　　　　　　　　　　　　　　　　　　　　　　　图1-10

1.3 Photoshop软件界面和控制

1.3.1 界面结构

　　Photoshop 2022的界面由菜单栏、工具箱、选项栏、浮动面板、状态栏和主要的操作区域——图像窗口——组成，如图1-11所示。

图1-11

　　A菜单栏：对图像进行的基本操作命令都能在菜单栏里找到。

　　B选项栏：对应每一个工具的关联调板，提供了相应的选项和参数。

　　C工具箱：Photoshop 2022的核心控制区，其中包含了使用频率非常高的选择工具、绘图修图工具、文字工具、图形工具等。

> **提示** 工具箱中的工具右下方的小三角表示里面有隐藏的工具，单击小三角，就会弹出隐藏工具。

　　D浮动面板：包括图层、通道、路径、文字等选项，需要结合菜单和工具箱才能真正发挥面板的强大功能。

> **提示** 通常情况下，按【Shift】+【Tab】快捷键可以快速隐藏所有的浮动面板，而按【Tab】键则可将浮动面板和工具箱一起隐藏。

　　E图像窗口：处理图像的工作窗口。

1.3.2 工具箱

Photoshop 2022工具箱中有一些常用的工具，它是Photoshop软件的核心，如图1-12所示。

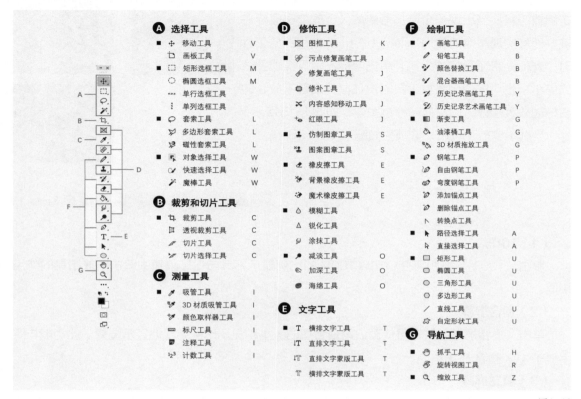

图1-12

工具右面的大写英文字母为与工具相对应的快捷键。按下这些字母键，可快速调出对应的工具，如按【M】键可快速切换到矩形选框工具，按【V】键可快速切换到移动工具，另外同时按【Shift】键和字母键可以切换某一系列的工具，如多次按【Shift】+【M】快捷键可快速在矩形选框工具、椭圆选框工具之间切换。

除了图1-12所示的工具，还有图1-13所示的前景色和背景色按钮，单击该按钮即会弹出图1-14所示的拾色器窗口，里面提供了多种调整颜色的方法。

图1-13

图1-14

1.3.3 在 Photoshop 中观察图像——视图的控制

1. 缩放工具

工具箱中的缩放工具 🔍，用于放大或缩小图像。单击缩放工具，当出现一个带加号的放大镜时单击鼠标左键，即可实现图像的放大；而按【Alt】键使用缩放工具时，光标为带减号的放大镜，单击鼠标左键可实现图像的缩小；也可在使用缩放工具时按住鼠标左键不放，向右拖动放大图像，向左拖动缩小图像，如图1-15所示。

当选中缩放工具后，选项栏如图1-16所示。

图1-15

| □ 缩放所有窗口 | ☑ 细微缩放 | 100% | 适合屏幕 | 填充屏幕 |

图1-16

（1）100%

单击"100%"按钮可使窗口以100%的比例显示，其与在工具箱中双击缩放工具的作用相同。

（2）适合屏幕

单击"适合屏幕"按钮可使窗口以最合适的大小和显示比例完整地显示图像。此功能与双击抓手工具 ✋ 的作用相同。

（3）填充屏幕

单击"填充屏幕"按钮，图像会自动填充整个屏幕。

2. 抓手工具

图像显示比例较大时，图像窗口不能完全显示整幅画面，这时可以使用抓手工具 ✋ 来拖曳画面，以显示图像的不同部位。

> **提示**　当使用除缩放和抓手以外的其他任何工具时，按住【Space】（空格）+【Ctrl】快捷键或【Space】+【Ctrl】+【Alt】快捷键，即可将工具临时切换为缩放工具；按住【Space】，即可将工具临时切换为抓手工具。

1.3.4 改变屏幕显示外观

在Photoshop 2022中有3种观察图像的模式：标准模式、带有菜单的全屏模式，以及全屏模式。一般情况下，我们会在标准模式下进行编辑。如果想隐藏画布之外的菜单、工具箱、面板等，则可以按【F】键切换到全屏的编辑状态（英文输入状态下）。

1.4 图像操作基础

1.4.1 新建图像

① 执行"文件→新建"命令，弹出图1-17所示的对话框，设置文件的基本初始化信息，如文件名称、大小、分辨率和颜色模式等。

② 用户也可以通过按【Ctrl】+【N】快捷键快速打开新建面板。

图1-17

1.4.2 打开图像

执行"文件→打开"命令，弹出图1-18所示的对话框，选择打开文件的路径，单击"打开"按钮。

图1-18

1.4.3 改变图像的大小

执行"图像→图像大小"命令，弹出"图像大小"对话框，如图1-19所示。

在这个对话框中，可以通过修改"文档大小"的数值改变当前文件的尺寸和分辨率，右边的链接符号表示锁定长宽的比例。如想改变图像的比例，则可取消"约束比例"选项。

图1-19

1.4.4　改变图像画布的大小

执行"图像→画布大小"命令，弹出"画布大小"对话框，如图1-20所示。

在这个对话框中只是改变图像的画布尺寸，对图像大小并没有影响。

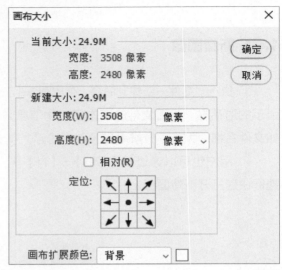

图1-20

1.4.5　改变图像的方向

执行"图像→旋转画布"命令下的一系列命令可对图像的画布进行不同角度的旋转，如图1-21所示。

图1-21

本章快捷键　使用快捷键可以极大地提高工作效率，这也体现了一个软件使用者的操作熟练程度。Photoshop中的快捷键有很多，设计师不需要将其全部掌握，只需掌握使用频繁的快捷键即可。本章已经列举了几个与视图控制有关的快捷键，下面列举几个与界面控制有关的重要快捷键。

【Tab】：隐藏/显示工具箱和浮动面板　　　【Shift】+【Tab】：隐藏/显示浮动面板

【Ctrl】+【+】：放大视图比例　　　　　　【Ctrl】+【-】：缩小视图比例

【Space】：手形工具　　　　　　　　　　【Ctrl】+【N】：新建文件

双击【抓手工具】：满画布显示　　　　　　双击【缩放工具】：实际尺寸显示

第 2 章
选择、图层和变换命令的基础运用

本章初步介绍了Photoshop 2022中选择、变换和图层的一些基本概念与操作。对于这些内容，本书没有将它们划分为几个章节，而是按照快速掌握实战案例内容所需的软件技能的顺序进行编写，读者可先完成实战案例的有关操作，再去理解知识点。这样符合科学记忆的规律，更容易轻松地掌握。

本章核心知识点：
· 选择类工具
· 选择类命令
· 图层的基本概念
· 图层的类型
· 图层的基本操作
· 图层的锁定
· 图像的变形命令和高级变形命令

2.1 知识点储备

2.1.1 选择类工具介绍

我们使用Photoshop处理图像的时候，很多情况下只需要针对图像局部进行操作，这时候就会碰到Photoshop中一个很重要的概念——选区。在Photoshop中创建选区的方法有很多，可以通过图2-1所示的选择工具来创建，也可以通过菜单对选区进行编辑来创建新选区，还可以通过Alpha通道对选择区域进行存储，将其作为选区。创建选区的作用有很多，

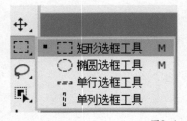

图2-1

除了可以限制图像的编辑范围之外，还可以对选区进行复制、描边、填充颜色和图案等操作。本小节主要讲解通过工具创建选区的方法以及对选区进行修改等操作。

使用选择工具在图像上拖曳，会出现一个闪烁的边界，可以形象地称之为"蚂蚁线"。蚂蚁线圈定了一个临时的浮动选区，我们可以通过选择工具在选区外任意地方单击或者执行"选择→取消选择"命令来取消它。下面我们简单介绍几个常用的选择类工具。

1. 矩形和椭圆选框工具

图2-2所示的4个工具是规则形状的选择工具，用于在图像中创建基本的矩形、圆形和单行单列的选择区域。其中矩形和椭圆选框工具是常用的工具。

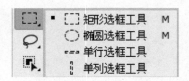

图2-2

默认情况下，选框工具从鼠标指针落点开始创建，如果需要以鼠标指针的落点为中心创建选区，则需要在拖曳鼠标的同时按住【Alt】键。

如果想创建正方形和圆形的选区，则需要在按住【Shift】键的同时拖曳鼠标。

选中矩形或椭圆选框工具，选项栏中出现一个"样式"下拉菜单，如图2-3所示，其中有3个选项：正常、固定比例和固定大小。固定比例指的是制作一个有特定长宽比的选区，选中后可以分别设置宽度和长度的比例；固定大小是制作一个特定大小的选区，选中

图2-3

后可以分别设置宽度和长度的数值，在数值输入框上单击鼠标右键会出现图2-4所示的面板，可以修改单位。

图2-4

2．不规则选择工具

图2-5所示的3个工具是不规则形状的选择工具，其中多边形套索工具使用相对频繁。但总体来说，这些工具都属于非精确的选择工具，在对图像边缘的精度要求不高的情况下可以使用。如果要获得高精度边缘，则需要使用钢笔工具。下面是对它们的简单介绍。

图2-5

套索工具完全根据用户的操作做选择，对用户控制鼠标的能力要求比较高，一般用得比较少。

多边形套索工具是比套索工具更精确的选择工具，使用方法是：先单击鼠标左键，然后拖曳鼠标到目的地，再次单击鼠标左键，如此反复，最后的一个选择点和最开始的点汇合，得到一个闭合的选区。

磁性套索工具是一个比较神奇的选择工具，它可以自动分辨图像的边缘，从而实现选区的绘制。其使用方法是：先单击鼠标左键，然后围绕目标对象的边缘拖曳鼠标左键即可。

> **提示** 在使用多边形套索和磁性套索工具时，如果需要取消操作，按【Esc】键即可；如果需要返回，则按【Backspace】键。

3．魔棒和快速选择工具

魔棒工具是根据颜色的近似值选择的工具。选择快速选择工具 ，直接在画面上进行拖曳，即可快速生成选区。下面重点讲述魔棒工具的参数。

魔棒工具根据颜色的近似值来创建选区，它是针对整色块的图像进行选择的，快捷而方便。选择它后，在相应的工具选项栏中就会看到一个非常重要的参数——"容差"，容差值越大，选择相近似的颜色的范围越大，反之则越小。图2-6所示是在容差值分别为10和32的情况下创建的选区的范围。

图2-6

要想使用魔棒生成选区，首先在要选择的颜色像素上单击鼠标左键。默认情况下，由于魔棒是连续模式，被单击的颜色像素以及与之相同且没有间断的颜色像素都会被选中。按【Shift】键单击鼠标左键，则可在已有的基于颜色的选区之上添加新的区域。

2.1.2 选择类命令介绍

1. 选区运算——加、减、交叉

Photoshop选区的加、减和交叉运算是非常重要的功能。首先创建一个基本选区，然后在创建其他选区的时候，按【Alt】键为减，按【Shift】键为加，同时按【Alt】和【Shift】键为交叉，如图2-7所示。

图2-7

2. 调整边缘

Photoshop 2022中还有一个 选择并遮住 ... 功能，它能够对已经存在的初步选区进行细致的调整，包括平滑、羽化、修整选区边缘的半径等，使用它能够快速得到自然平滑的选区。当需要对人物或动物的毛发边缘进行抠图的时候，还可以使用调整半径工具在画布上的毛发边缘拖曳进行微调，非常方便，如图2-8所示。

图2-8

3. 变换选区

"变换选区"命令用于对选区的形状和大小进行调整。在已经存在一个选区的情况下，执行"选择→变换选区"命令即可出现图2-9所示的变换框，将鼠标放在4个角的控制点上拖曳可改变其大小，还可通过单击鼠标右键调出图2-10所示的菜单，执行其中的"旋转""斜切""透视"等命令。

图2-9

图2-10

> **提示** 有关"旋转""斜切""透视"等命令的具体操作细节在2.1.7节会进行详细介绍。

4. 羽化

默认情况下，Photoshop 2022里生成的选区边缘比较生硬，不利于图像的自然合成，所以Photoshop 2022提供了一种将选区边缘变得柔和的方法——羽化。

羽化的方法有两种：一是事先在工具选项栏上设置合适的羽化值，如图2-11所示，绘制出来的选区就直接被羽化了；二是先不羽化，等创建完选区以后再执行"选择→修改→羽化"命令，在弹出的"羽化选区"对话框中设置羽化值，如图2-12所示。羽化值的大小应根据实际情况判断，一般初学者多试几次就熟悉了。

图2-11

图2-12

图2-13显示的是输入不同羽化值得到的图像效果。

图2-13

2.1.3 图层的基本概念

Photoshop中处理的图像分为几个层次，类似于三明治，每个图层之间相互独立又相互关联，这种特性使得图像编辑的过程千变万化。Photoshop图像处理功能十分强大的原因很大程度上依赖于图层。所以我们在Photoshop中要"带着图层的眼光"去观察图像，如图2-14所示。

图2-14

Photoshop 2022图层面板的组成部分如图2-15所示。

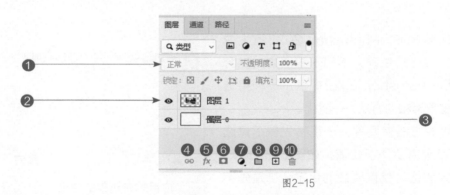

图2-15

❶ 设置图层的混合模式：利用它可以创作出不同图像合成的效果。

❷ 指示图层可见性：控制图层的可见性。

❸ 图层缩览图：用来显示每个图层上图像的预览。

❹ 链接图层：在多个图层的情况下，可以按【Ctrl】键将它们一起选中，然后单击 ∞ 按钮将它们链接在一起，链接的图层可以一起移动、缩放、旋转、变形等。

❺ 添加图层样式：为图层添加许多特效命令，它是Photoshop图层的强大功能之一。

❻ 添加图层蒙版：为图层添加蒙版可以更方便地合成图像，是图层应用的高级内容之一。

❼ 创建新的填充或调整图层。

❽ 创建新组：通常文件会有很多个图层，将图层分组便于管理。

❾ 创建新图层：新建一个普通的图层。

❿ 删除图层：删除图层或图层组。

2.1.4 图层的类型

根据使用特点的不同，Photoshop中的图层分为以下几种基本类型。

1. 背景层

背景层是在Photoshop中新建文件时的默认图层，也是基础的底层。其主要特点是默认被锁定，如图2-16所示。

2. 普通图像层

通过单击"创建新图层"按钮新建"图层1"，默认的普通图层是透明的，如图2-17所示。可以看到"图层1"缩览图以灰白相间的方格表示透明。

3. 文字图层

在Photoshop中通过文本工具在图像上单击生成图层，文字层的特点是自身具有文本属性，即可以进行字体、字号、字的方向等设置。而一旦将文字图层转换为普通的图像层，就不容易对文字参数进行修改了。图2-18所示的图层缩览图中带有 T 图标的是文字图层。

图2-16   图2-17   图2-18

4. 形状图层

形状图层指在Photoshop 中使用矢量图形系列工具创建的图层。它们的特点是保留矢量图形的特征，可任意放大或缩小。在图层面板中，它们的缩览图显示如图2-19所示，一般默认命名为"形状1""形状2"等。图2-19中为使用矩形工具创建的第一个矩形形状图层，所以图层命名为"矩形1"。

图2-19

5. 调整或填充图层

　　为照片进行调色时，除了可以执行"图像→调整"下面的一系列命令之外，还可以在图层面板中单击"创建新的填充或调整图层"按钮来对照片进行调色，区别是前者对照片的像素有破坏性，而后者则不会。二者详细的用法和区别会在第4章中进行深入的讲解。图2-20所示是填充或调整图层在图层面板中的显示。请注意，在Photoshop 2022执行这个命令之后会同时弹出相应的调色属性面板，如图2-21所示。

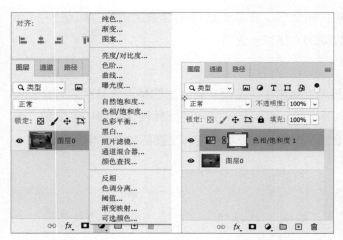

图2-20

图2-21

2.1.5 图层的基本操作

1. 图层的建立

　　单击图层面板底部的"创建新图层"按钮，在图层面板中就会出现新的普通图层。

2. 图层的复制

　　复制图层可以通过将图层拖放到"创建新图层"按钮上实现；也可以在图层面板中需要复制的图层上单击鼠标右键，在弹出的快捷菜单中选择"复制图层"命令来实现；还可以在选中图层后按【Ctrl】+【J】快捷键得到新的图层。

3. 图层的删除

　　将图层拖放到图层面板底部的"删除图层"按钮上就可以删除图层了。

4. 图层的顺序

　　在图层面板上可以直接上下拖曳图层来改变图层的顺序。

5. 图层的合并

　　有的时候需要对图层进行合并以便于操作。图层合并可通过指示图层可见性、链接图层、创建新组等方式进行。

6. 图层不透明度的设定

每一个图层都有很多独立的或相关的属性，不透明度就是一个非常重要的参数，可以从图层面板上直接设定。

2.1.6 图层的锁定

Photoshop图层面板有锁定功能，这样就不会对已经编辑好的图层造成破坏。锁定形式分为4种。

1. 锁定透明像素 ▨

选中此项相当于对当前图层的透明区域进行了保护，即用户只能在非透明区域进行操作。如图2-22所示，当我们将雪山图层进行透明像素锁定时，即便使用毛笔工具✎对当前图层任意涂抹，图层透明的地方也不受影响。

图2-22

2. 锁定图像像素 ✎

选中此项则对当前图层的所有区域进行了保护。如图2-23所示，当选择毛笔工具试图涂抹的时候会出现一个禁止的图标，表示不允许涂色。

图2-23

3. 锁定位置 ✛

选中此项则不能使用移动工具对当前图层进行移动，如图2-24所示。

图2-24

4. 防止在画板和画框内外自动嵌套 ⊡

Photoshop中的画板是一个大文件夹，它包裹着图层及组，所以当图层或组移出画板边缘时，图层或组会在组层视图中移除画板。

5. 锁定全部 🔒

选中此项即将透明像素、图像像素和位置全部锁定。

2.1.7 图像的变形命令

在Photoshop中可以对图像进行任意变形。一般来说，变形应该在普通图层中进行，背景层由于默认被锁定，所以不能对其执行变形类命令。图层的变换在编辑菜单下有两个命令：一个是"自由变换"，还有一个是"变换"。"变换"又包含很多单独的变换命令，每次只能执行一种变换。而"自由变换"命令则几乎把所有的变形命令都集合起来了。下面讲述"自由变换"命令的操作。

打开一张照片，首先双击背景层，在弹出的对话框中单击"确定"按钮，对图层进行解锁，然后执行"编辑→自由变换"命令或者按【Ctrl】+【T】快捷键启动自由变换，一个有8个控制手柄的变换框围绕在当前图层需要变形的图像的周围，在变换框中间单击鼠标右键可启动相关的命令，如图2-25所示。

1. 缩放

拖曳任一控制手柄，可以按比例缩放图像；按住【Shift】键不放，可以自由缩放；如果要以中间的点为中心缩放；则按住【Shift】+【Alt】键，然后拖曳手柄，如图2-26所示。完成操作之后在变换框内双击鼠标左键或者按【Enter】键即可确认变换过程。按【Esc】键取消所做的变换操作。

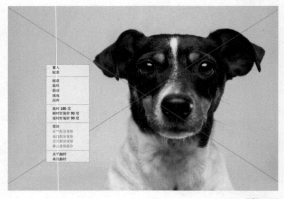

图2-25

图2-26

2. 旋转

把鼠标指针放到框外，然后按住鼠标左键拖曳，就可以旋转图层。按【Shift】键不放并按住鼠标左键拖曳，则每次旋转15°，如图2-27所示。也可通过快捷菜单中的"旋转180度"等命令来实现图层的旋转。

3．变形和扭曲

按住【Ctrl】键，拖曳手柄，就会产生变形和扭曲效果；拖曳中间的手柄则做平行四边形变形，如图2-28所示。

4．透视

按住【Ctrl】+【Shift】+【Alt】键，拖曳一个角的手柄，就可以产生透视效果，如图2-29所示。

图2-27　　　　　　　　　图2-28　　　　　　　　　图2-29

5．图像的倾斜

按住【Ctrl】+【Shift】键，拖曳变换框的一个边线，就可以产生倾斜的效果，如图2-30所示。

6．水平和垂直翻转

在变换框内单击鼠标右键，在弹出的快捷菜单中可选择"水平翻转"和"垂直翻转"命令对图像进行翻转操作，如图2-31所示。

图2-30　　　　　　　　　　　　　　　　　　　图2-31

7．网格变形

按【Ctrl】+【T】快捷键之后，再单击工具选项栏中的，即可进入网格变形状态，如图2-32所示。我们尝试移动网格点，可发现照片在网格内发生了变形，如图2-33所示。

8．改变变形的中心点

对图像进行变形操作时，默认的中心点是在变换框的中间，在选项栏中我们可以用鼠标单击图标上不同的点来改变中心点的位置，如图2-34所示。图标上的点和变换框上的点一一对应。我们还可以直接从变换框中拉出中心点到想要的位置，然后进行相应的变形，如图2-35所示。

图2-34

图2-32　　　　　　　　　　图2-33　　　　　　　　　　图2-35

2.1.8 高级变形命令

1. 再次变形（快捷键：【Ctrl】+【Shift】+【T】）

执行再次变形命令可重复执行上次的变形操作，图2-36中狗的变形过程说明了这个道理：对1号小狗执行了旋转和缩小操作得到2号狗，3至4号狗为不断按【Ctrl】+【Shift】+【T】快捷键的结果。

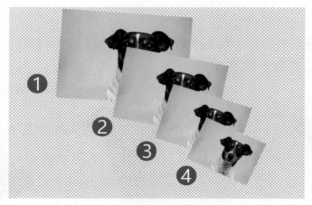

图2-36

2. 实现再次变形的同时复制物体（快捷键：【Ctrl】+【Shift】+【Alt】+【T】）

这个命令在Photoshop 2022中是找不到菜单命令的，只有快捷键。使用它在"再次变形"的基础上会再复制当前图层。

提示　　从第2章到第9章，每章第一节都是对基础理论的介绍，没有非常详细的操作示范，详细的操作示范都被融入每章的实战案例中。读者只需要把此节当作参考资料，如果在做实战案例的过程中遇到问题，可以翻回来查看。

2.2 实战案例

2.2.1 标志图形制作一

目标：掌握矩形选框工具、变换命令和图层的基本使用方法，绘制图2-37所示的标志图形。

图2-37

■ 操作步骤

01 新建一个10×10厘米的文件，分辨率为默认的72像素/英寸（除非单独讲到改变分辨率的设置，否则本书后面案例的分辨率都为默认的72像素/英寸），如图2-38所示。

02 在图层面板中新建一个图层，如图2-39所示。设置前景色为标志图形的绿色，如图2-40所示。

图2-38

图2-39

图2-40

03 使用矩形选框工具绘制矩形选框，注意绘制的时候按住【Shift】键以绘制1：1比例的矩形，如图2-41所示。

04 按【Alt】+【Backspace】快捷键将前景色填充到矩形选框中，如图2-42所示。

05 按【Ctrl】+【D】快捷键取消选区。按【Ctrl】+【T】快捷键，然后按住【Shift】键的同时按住鼠标左键拖曳，将矩形旋转45°，如图2-43所示。

图2-41

图2-42

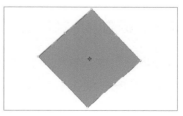

图2-43

06 按【Enter】键确认变换。按【Ctrl】+【T】快捷键将图形缩小并进行变形，如图2-44所示。

07 在图层面板中复制"图层1"为"图层1拷贝"，如图2-45所示。使用移动工具将"图层1拷贝"中的图形移到图2-46所示的位置。

08 使用矩形选框工具选中"图层1拷贝"中的图像左侧的一般区域，如图2-47所示。

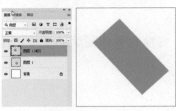

图2-44　　　　图2-45　　　　图2-46

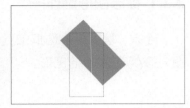

图2-47

09 按【Delete】键得到图2-48所示的效果。

10 使用移动工具并按住【Alt】键拖曳"图层1拷贝"中的图形得到"图层1拷贝2"，如图2-49所示。

11 选中"图层1拷贝2"，按【Ctrl】+【T】快捷键，如图2-50所示。

图2-48

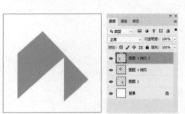

图2-49

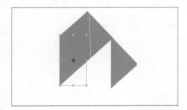

图2-50

12 执行快捷菜单里面的"水平翻转"命令，如图2-51所示。

13 将图形移动到图2-52所示的位置，按【Enter】键得到最终的图形。

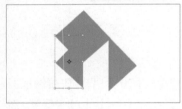

图2-51

图2-52

 打开"每日设计"APP，搜索关键词SP080201，即可观看"实战案例：标志图形制作一"的讲解视频。

2.2.2 标志图形制作二

目标：掌握椭圆选框工具、图层的锁定透明像素等知识点，绘制图2-53所示的三井石化标志。

图2-53

■ 操作步骤

01 新建一个10×10厘米的文件。新建一个图层，使用椭圆选框工具创建图2-54所示的椭圆形选区。将选区填充为蓝色，如图2-55所示。

图2-54　　　　　　　　　图2-55

02 按【Ctrl】+【D】快捷键取消选区。按【Ctrl】+【T】快捷键后，对当前图层的图形进行旋转变换，如图2-56所示。

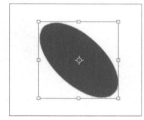

图2-56

03 复制"图层1"得到"图层1拷贝"层，如图2-57所示。按【Ctrl】+【T】快捷键后，缩小当前图层的图形。单击图2-58所示的"锁定透明像素"按钮。

04 按【Ctrl】+【Backspace】快捷键将当前图层中的图形填充为白色，效果如图2-59所示。

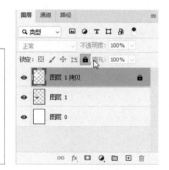

图2-57　　　　　　　　　图2-58　　　　　　　　　图2-59

05 将"图层1拷贝"复制得到"图层1拷贝2"，用锁定透明像素的方法将其填充为蓝色，如图2-60所示。

06 调整"图层1拷贝2"层的大小和位置，如图2-61所示。

图2-60　　　　　　　　　图2-61

07 使用工具箱中的文字工具在画布中单击得到一个新的文字图层，如图2-62所示，并输入图2-63所示的文字。单击选项栏中的✓按钮对文字的输入结果进行确认，最终的效果如图2-64所示。

图2-62

图2-63

图2-64

 打开"每日设计"APP，搜索关键词SP080202，即可观看"实战案例：标志图形制作二"的讲解视频。

2.2.3 标志图形制作三

目标：掌握变换命令的高级用法、图层的合并等知识点，绘制图2-65所示的标志图形。

图2-65

■ **操作步骤**

01 新建一个10×10厘米的文件。在图层面板中新建一个图层。使用椭圆选框工具并按住【Shift】键创建一个正圆形选区，然后将其填充为图2-66所示的蓝色。执行"选择→变换选区"命令，将选区缩小，如图2-67所示。

02 按【Delete】键得到图2-68所示的效果。再次执行"选择→变换选区"命令，将选区缩小，如图2-69所示。

图2-66

图2-67

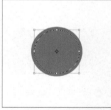
图2-68

图2-69

03 将中间圆点图层填充为蓝色，如图2-70所示。新建"图层2"，创建图2-71所示的选区，并将其填充为蓝色，然后按【Ctrl】+【D】快捷键取消选区。

04 执行"选择→变换选区"命令，单击鼠标右键，在弹出的快捷菜单中执行"透视"命令，如图2-72所示。将鼠标左键放置到变换框右上角的控制点上，按住鼠标左键并进行拖曳，得到图2-73所示的透视效果。

图2-70

图2-71

图2-72

图2-73

05 复制"图层2"得到"图层2拷贝",如图2-74所示。按【Ctrl】+【T】快捷键后,将变换框的中心点移到图2-75所示的整个圆形的中心点。单击鼠标右键,在弹出的快捷菜单中执行"垂直翻转"命令,效果如图2-76所示。

06 在图层面板中先选择"图层2",然后按住【Ctrl】键单击"图层2拷贝",将两个图层同时选中,如图2-77所示。按【Ctrl】+【E】快捷键对这两个图层进行合并,如图2-78所示。

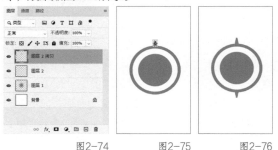

图2-74　　　　图2-75　　　　图2-76

图2-77

图2-78

07 复制合并后的"图层2拷贝",如图2-79所示。按【Ctrl】+【T】快捷键后,将其旋转90°,如图2-80所示。

08 参考步骤06~07,将"图层2"和"图层2拷贝"合并并复制,然后按【Ctrl】+【T】快捷键后将其旋转45°,如图2-81所示,效果如图2-82所示。

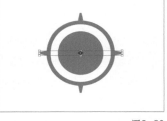

图2-79　　　　　　　　　　图2-80

图2-81

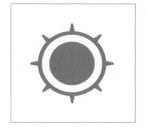

图2-82

提示　以上是常规做法,回到步骤06,再用另外一种方法去制作这个标志图形,主要是为了让大家掌握图形变换的高级命令【Ctrl】+【Shift】+【Alt】+【T】快捷键。

09 按【Ctrl】+【T】快捷键,如图2-83所示。在工具选项栏中设置旋转的角度为30°,如图2-84所示,得到图2-85所示的图形。

10 按【Enter】键确认变换结果。然后按【Ctrl】+【Shift】+【Alt】+【T】快捷键可快速复制并旋转当前图层。反复多按几次,即可得到图2-86所示的结果。

图2-84

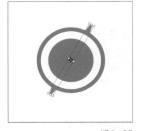

图2-83　　　　　　图2-85

图2-86

 打开"每日设计"APP,搜索关键词SP080203,即可观看"实战案例:标志图形制作三"的讲解视频。

2.2.4 标志图形制作四

目标：进一步熟悉变换命令的用法，结合调色命令和文字工具绘制图2-87所示的标志图形。

图2-87

■ 操作步骤 ■

01 新建一个10×10厘米的文件。在图层面板中新建一个图层。使用矩形选框工具，并按住【Shift】键创建一个正方形选区，将其填充为图2-88所示的紫色。

图2-88

02 复制"图层1"为"图层1拷贝"。按【Ctrl】+【T】快捷键后对其进行缩放和斜切变形，如图2-89所示。

图2-89

03 执行"图像→调整→色相/饱和度"命令，适当降低当前图层的明度，如图2-90所示。

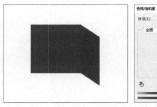

图2-90

04 再复制一个图层得到"图层1拷贝2"，再次降低图层的明度，得到图2-91所示的图形。

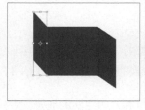
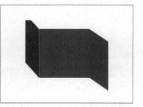

图2-91

05 继续复制"图层1"得到"图层1拷贝3"，依旧降低其明度，如图2-92所示。

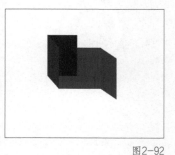

图2-92

06 改变图层的顺序。在图层面板中将"图层1拷贝3"拖曳到"图层1"的下面，如图2-93所示。

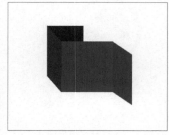

图2-93

07 使用文字工具输入字母"ADB",然后为其设置字体为Tahoma,样式为Bold,颜色为白色,如图2-94所示。

08 使用文字工具输入图2-95所示的字母。然后按【Ctrl】+【T】快捷键将其进行缩放和斜切变形,如图2-96所示。单击选项栏中的 ✓ 按钮进行确认。

图2-94

图2-95

图2-96

09 同理,再创建一个新的文字图层输入对应字母,并对其进行缩放和变形,如图2-97所示。

10 最后调整各图层的位置和细节,效果如图2-98所示。

图2-97   图2-98

提示 　当画布比较小不好操作时,可以将视图放大后再操作,完成后可按【Ctrl】+【1】快捷键恢复视图显示比例为100%。

打开"每日设计"APP,搜索关键词SP080204,即可观看"实战案例:标志图形制作四"的讲解视频。

2.2.5 标志图形制作五

目标:进一步熟悉复制图层、改变图层顺序的方法,绘制图2-99所示的标志图形。在这个图形中,由于6个环是环环相扣的效果,所以通过制作它可反复练习复制图层和改变图层顺序的知识点。

图2-99

■ 操作步骤

01 新建一个10×10厘米的文件。在图层面板中新建一个图层。使用椭圆选框工具并按住【Shift】键创建一个正圆形选区,将其填充为图2-100所示的红色。在保持工具为椭圆选框工具的情况下单击鼠标右键,在弹出的快捷菜单中执行"变换选区"命令,如图2-101所示。

02 缩小选区,如图2-102所示。然后按【Delete】键删除其中的图像,如图2-103所示。按【Ctrl】+【D】快捷键去掉选框。

图2-100   图2-101

图2-102   图2-103

03 使用移动工具并按【Alt】键复制一个新圆环，如图2-104所示。按【Ctrl】+【T】快捷键后对其大小进行调整，如图2-105所示。

04 同理，再复制出新的图层并变换大小，多次操作得到图2-106所示的效果。下面对每个圆环填充不同颜色。在图层面板中对需要改变颜色的图层锁定透明像素，如图2-107所示。

图2-104　　　　　　　　　　图2-105

图2-106　　　　　　　　　　图2-107

05 按【Alt】+【Backspace】快捷键填充前景色，如图2-108所示。同理改变其他图层的颜色，如图2-109所示。

06 现在开始制作环环相扣的效果。以粉色的图层为例，确认其在红色的"图层1"上面，使用矩形选框工具选择图2-110所示的两个圆环相交的部位。

 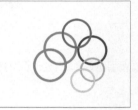

图2-108　　　　　　　　　　图2-109

图2-110

07 按【Ctrl】+【J】快捷键复制图层得到一个新的"图层2"，将"图层2"移到图层面板的最上方，效果如图2-111所示。

08 同理，对其他圆环图层执行同样的操作，最后输入文字，最终效果如图2-112所示。

图2-111

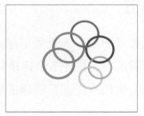 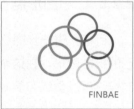

图2-112

 打开"每日设计"APP，搜索关键词SP080205，即可观看"实战案例：标志图形制作五"的讲解视频。

2.2.6 菊花

目标：掌握多种选择工具的使用及图像的复制。制作图2-113所示的图片。

图2-113

■ 操作步骤 ■

01 打开要处理的花的图片，如图2-114所示。使用快速选择工具并配合魔棒工具选取菊花，也可使用多边形套索选取，如图2-115所示。

02 按【Ctrl】+【J】快捷键，将选取的区域复制为一个新图层，如图2-116所示。按【Ctrl】+【T】快捷键后，将花朵缩小，得到近大远小的透视效果，如图2-117所示。

图2-114   图2-115

图2-116   图2-117

提示   如果要精确抠图，要用到钢笔工具。

03 此时复制出来的花茎比较短，我们可以将其变长，具体方法是：使用矩形选框工具创建图2-118所示的选区，选择移动工具，确认鼠标指针放置在选区范围内，按住【Alt】键向下拖曳选区内的图像，可得到复制的花茎，如图2-119所示。

04 按【Ctrl】+【D】快捷键取消选区。然后按【Ctrl】+【U】快捷键打开"色相/饱和度"对话框，将饱和度降低，这样可将前后对象拉开层次，如图2-120所示。

图2-118   图2-119

图2-120

05 为了进一步拉开前后对象的层次，执行"滤镜→模糊→高斯模糊"命令将复制出来的花茎进行模糊处理，如图2-121所示。

06 同理可以复制多个菊花图层，并根据近大远小的原则对它们进行调整，如图2-122所示。对各图层进行不同程度的模糊处理，得到最终效果，如图2-123所示。

图2-121

图2-122   图2-123

 打开"每日设计"APP，搜索关键词SP080206，即可观看"实战案例：菊花"的讲解视频。

2.2.7 合成城堡和天空

目标：掌握并熟悉在Photoshop中对图像的基本操作方法和方式，初步了解选择和图层的概念。

使用素材及最终效果如图2-124所示。

图2-124

■ 操作步骤

01 打开原始图像"城堡"，如图2-125所示。可以看到图像是倾斜的，需要旋转画布。在旋转画布之前，需要确定图像的倾斜角度是多少。选择图2-126所示工具箱中的标尺工具对图像的倾斜角度进行测量，方法是找到测量点，然后按住鼠标左键拖曳到目标点，此时在工具选项栏上的"A"后面的数值就是测量出来的角度值，如图2-127所示。用此方法测量"城堡"图像的倾斜角度。

02 执行"图像→图像旋转→任意角度"命令，弹出图2-128所示的对话框，设定好旋转的角度和方向，单击"确定"按钮，图像就正过来了，如图2-129所示。若图像周围有不需要的内容，选择工具箱中的裁剪工具，在当前画面上拖拉出裁剪的范围，然后在图像中间双击鼠标左键完成裁剪，效果如图2-130所示。

图2-125

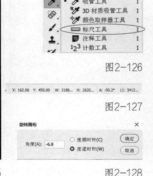

图2-126

图2-127

图2-128

图2-129

图2-130

| 提示1 | "图像"菜单下的"图像旋转"命令是专门校正图像的角度的，除了本案例所使用的任意角度的命令外，还有其他旋转命令，如180°旋转、90°旋转，以及水平翻转和垂直翻转等。 |

| 提示2 | 在使用裁剪工具的时候，将鼠标指针放在裁剪框周围的控制点上拖曳可以灵活地控制裁剪的范围。在Photoshop中裁图的方法还有一种，使用矩形选框工具先在图像上拖出裁剪的范围，然后再执行"图像→裁剪"命令。 |

03 打开图2-131所示的天空图片，按【Ctrl】+
【A】（全选）快捷键→【Ctrl】+【C】（复制）
快捷键，此时天空图片的信息就会进入计算机的剪
贴板。

04 返回"城堡"文件，使用魔术棒工具对城堡的
天空进行选择，注意可按【Shift】键加选，直到天
空全部被选中，如图2-132所示。

图2-131

图2-132

05 按【Ctrl】+【Shift】+【Alt】+【V】（贴入）
快捷键，效果如图2-133所示。

06 现在基本效果已经出来了，但是天空显得不自
然，需要进一步加工，具体方法是：降低图层面板
中的"不透明度"，将数值设置为40%左右，得到
图2-134所示的最终合成效果。

| 提示 | 粘贴命令是普通的编辑命令，这里使用"贴入"命令，目的是将剪贴板中的内容粘贴到指定的选择范围之内，得到一个"蒙版"的效果。 |

图2-133

图2-134

 打开"每日设计"APP，搜索关键词SP080207，即可观看"实战案例：合成城堡和天空"的
讲解视频。

本章快捷键	【Alt】+【Backspace】：填充前景色
	【Ctrl】+【Backspace】：填充背景色
	【Ctrl】+【D】：移除选区

【Ctrl】+【T】：自由变换	【Ctrl】+【Alt】+【Z】：撤销多步操作
【Ctrl】+【Shift】+【T】：重复上次的变换操作	【Ctrl】+【Shift】+【Z】：返回多步操作
【Ctrl】+【J】：复制图层	【Ctrl】+【Shift】+【Alt】+【V】：贴入
【Ctrl】+【Z】：撤销一步操作	

第 3 章
图层的高级应用 1

本章主要讲解图层面板的高级用法，如剪贴蒙版、图层的锁定、图层的色彩混合模式等。掌握它们对于使用Photoshop来创造我们想要的图像效果具有非常大的意义。本章对文字工具和字符、段落面板进行了介绍。

本章核心知识点：

· 图层剪贴蒙版
· 图层链接与合并
· 文字图层的使用
· 立体贴图
· 宣传册封面设计
· 照片柔焦效果
· 调整曝光不足

3.1 知识点储备

3.1.1 图层剪贴蒙版

　　图层剪贴蒙版指在两个图层中，下面的图层成为上面的图层的蒙版。具体方法是：选中位于上方的图层，然后按【Alt】+【Ctrl】+【G】快捷键。在图3-1所示的图鉴中，放置在圆形内的图像都可以用图层剪贴蒙版制作。

图3-1

3.1.2 图层链接与合并

1. 图层链接

　　当图层面板中有多个图层时，可以选中其中一个图层，再按住【Ctrl】键单击其他图层将它们一起选中，然后执行快捷菜单中的"链接图层"命令，这个时候所有被选中的图层就被链接起来了。图层链接主要有以下5种功能。

　　选择链接图层中的任意一个图层后按【Ctrl】+【T】快捷键，然后变换图层，会使所有链接的图层同时进行变换，如图3-2所示。

　　链接图层能一起移动。

　　能够对链接图层进行对齐和平均分布，如图3-3所示。

　　可通过链接图层生成图层组。

　　可对链接图层进行合并。

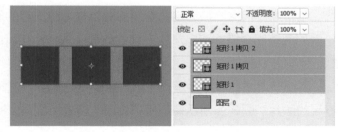

图3-2

水平和垂直的对齐命令

水平和垂直的分布命令

图3-3

2. 图层的合并

有时候为了操作方便需要合并一些图层，合并图层的方法有很多，可通过以下5种方法来实现，如图3-4所示。

合并可见图层：将需要合并的图层的眼睛开启，关闭其他图层的眼睛即可。

合并链接图层：将需要合并的图层进行链接即可。

向下合并：指向下合并一层。

合并图层组：可通过图层组进行合并，选择某个图层组，在图层面板右上方的小三角里的下拉菜单中会出现"合并图层组"命令。

拼合图层：在图层面板右上方的小三角里的下拉菜单中有"拼合图像"命令，它是将所有的可见图层合并，如果有不可见的图层，则直接删除。

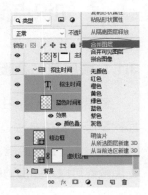

图3-4

> **提示** 由于合并图层的命令使用较多，本章末尾总结了合并图层的几个快捷键，读者可用来查询。

3.1.3 图层色彩混合模式的应用

色彩混合模式是Photoshop的一项较为突出的功能，其用途极为广泛。在Photoshop中处理图像时总会遇到色彩混合的情况，通过色彩混合能完成一些高难度的操作，因此在使用色彩混合功能绘图时，要明白色彩混合的原理。

色彩混合指将当前选定的绘制的颜色与图像原有的底色进行混合，从而产生一种结果色。不同的色彩混合模式可以产生不同的效果，Photoshop计算色彩混合时根据像素的每一个参数分别进行计算。

本小节讲述色彩混合模式在图层面板中的运用。图3-5所示是利用"屏幕"模式修正曝光不足的照片。图3-6所示是利用"变暗"模式制作柔焦的美人照效果。

图3-5   图3-6

这里先初步介绍一下常用模式的基本概念。

1. 正常模式

这个模式可使用当前所用的颜色修改笔刷下的每个像素。在此模式下将不透明度设置为100%，则笔刷下的像素全部被当前所用的颜色代替；调低不透明度，则笔刷下的像素颜色会根据数值不同程度地透过所用的颜色显示出来。

2．正片叠底模式

正片叠底指的是上下两个图层通过混合变得更暗，同时色彩变得更加饱满。用Photoshop打开一张图像，如图3-7所示，复制一层背景图层，然后将复制出的图层的混合模式修改为"正片叠底"。这时可以看到图像变暗了，同时色彩也更加饱和，如图3-8所示。

图3-7   图3-8

在正片叠底模式下，白色与任何颜色混合时都会被替换，而黑色跟任何颜色混合都会变成黑色，因此这个功能还经常用于去除一些图层的白色部分，如抠选像毛笔字等边缘复杂的白底素材。以图3-9所示的毛笔字为例，将图像素材置入文档后，选中毛笔字图层，将其图层混合模式修改为"正片叠底"，即可得到图3-10所示效果。

图3-9   图3-10

3．滤色模式

滤色指的是通过混合上下两个图层，使图像整体变得更亮，产生一种漂白的效果。

以图3-11为例，复制背景图层，然后将复制出的图层的图层混合模式修改为"滤色"。这时可以看到图像整体变亮了，效果如图3-12所示。后续还可以通过调整图层的不透明度来调节变亮的程度。

图3-11　　　　　　　　　　　　　　　　　　　　　　　图3-12

　　在滤色模式下，如果混合的图层中有黑色，黑色将会消失，因此这个模式也通常用于去除图层中深色的部分，如抠选烟花、光晕等黑底或深色底素材。以图3-13所示的烟花素材为例，将图片置入文档后，选中烟花图层，将其图层混合模式修改为"滤色"，再适当调整其不透明度，即可得到图3-14所示效果。

图3-13　　　　　　　　　　　　　　　　　　　　　　　图3-14

4. 柔光模式

　　柔光指的是上层图像中亮的部分会导致最终效果变得更亮，而上层图像中暗的部分会导致最终效果变得更暗。

　　以图3-15为例，在图3-15上创建图3-16所示的两种不同亮度的灰色图层，将灰色图层的图层混合模式修改为"柔光"，所得效果如图3-17所示。可以看到，亮的灰色叠加部分图像后变亮，而暗的灰色叠加部分图像后变暗。

　　柔光模式下使用同图叠加还可以提升图像的饱和度。以图3-15为例，复制背景图层，然后将复制出的图层的图层混合模式修改为"柔光"，效果如图3-18所示。

图3-15　　　　　　　　　　　　　　　　　　　　　　　　　　　图3-16

图3-17　　　　　　　　　　　　　　　　　　　　　　　　　　　图3-18

3.1.4 文字图层的使用

1. 点文字和段落文字

在工具箱中选择 **T**,工具在图像上单击会出现闪动的插入光标，这时就可以输入文字了。在输入文字之前需要明确：输入的文字是少量的标题性的文字，还是大量的正文类的文本，这决定了文字在软件中的输入状态是"点文字"还是"段落文字"，如图3-19所示。

Photoshop

← 点文字周围没有控制框，适合标题性文字

Adobe Photoshop, 简称"PS", 是由Adobe Systems开发和发行的图像处理软件。Photoshop主要处理以像素所构成的数字图像。使用其众多的编修与绘图工具，可以有效地进行图片编辑工作。ps有很多功能，在图像、图形、文字、视频、出版等各方面都有涉及。

Adobe Photoshop, 简称"PS", 是由Adobe Systems开发和发行的图像处理软件。Photoshop主要处理以像素所构成的数字图像。使用其众多的编修与绘图工具，可以有效地进行图片编辑工作。ps有很多功能，在图像、图形、文字、视频、出版等各方面都有涉及。

← 文字控制框

图3-19

提示　　点文字是不会自动换行的，可通过按【Enter】键使之进入下一行。而段落文字的周围有一个文字段落框，它界定了文字的输入范围，通过拖曳文字段落框周围的控制点可以改变文字的输入范围，所以段落文字具备自动换行的功能。

2. 创建文本选区

文字工具栏中的横排文字蒙版工具 用于基于文字内容创建选择区域，如图3-20所示。

图3-20

当创建好一个基于文字形状的选区之后，打开一张图像，按【Ctrl】+【A】→【Ctrl】+【C】快捷键对其进行复制，然后在文字选区的文件中按【Ctrl】+【Alt】+【Shift】+【V】（粘贴）快捷键即可得到文字蒙版的效果，如图3-21所示。

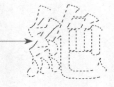

图3-21

3. 文字的输入方向

上面的两种文字工具都有横向和竖向输入之分。 和 即可输入竖向的文字效果，如图3-22所示。

竖向排文结果————

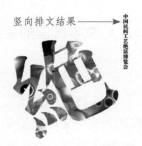

图3-22

4. 将文字图层转换为普通层

使用 T 和 工具在创建文字的时候会自动在图层里生成新的文字图层，图层的缩览图上带有图3-23所示的标记，说明此图层为文字状态，只能进行文字状态下的操作，如改变字体、字号等。如果想对它进行图像的操作，则必须先将它转换为普通的带有透明区域的图层。转换的方法是执行"图层→栅格化→文字"命令，或在文字图层上单击鼠标右键，执行快捷菜单中的"栅格化文字"命令。

图3-23

5. 文字的弯曲变形

选择文字图层后，单击选项栏中的 按钮可对文字进行多种类型的变形，如图3-24所示。

图3-25所示是对文字执行扇形变形后的效果，注意调整图示中的参数可产生不同的效果。我们也可以使用其他变形类型尝试不同的变形效果。

图3-24   图3-25

6. 改变文字的字符和段落属性

如果需要修改输入好的文字的参数，首先要使用文字工具选中，然后在选项栏中进行设置，或单击选项栏中的 按钮调出图3-26所示的字符和段落面板进行调节。

7. 字体

使用文字工具选择文字后可在选项栏上设置字体，如图3-27所示，也可在字符面板上设置。

图3-26

8. 字号

表示文字的大小，Photoshop以点为单位描述文字的大小。

图3-27

> **提示** 字号用于区分文字大小，国际上通用的是点制。点制又称为磅制（P），是通过计算字的外形的"点"值为衡量标准。

9. 文本的颜色

使用文字工具选择文字后可在选项栏上设置字的颜色，如图3-28所示。

图3-28

10. 文字行距

表示文字的行距，行距指两行文字之间的基线距离。

> **提示** 一般情况下排版书籍正文或者杂志内文的时候，设置的行距的数值是字号的1.5倍。如使用9磅字号排版，则可设置行距为13.5磅。

11. 文字的字距

图3-29

表示每一个字母或文字之间的距离， 表示两个字母或文字间的距离。

12. 文字的样式

如图3-29所示，文字可以设置不同的样式，从左至右分别为加粗、斜体、大型大写、小型大写、上标、下标、下划线、中划线等。

13. 文字的垂直和水平缩放

指文字水平方向的缩放效果， 指文字垂直方向的缩放效果。

14. 段落的对齐和缩进

段落面板用于更改列和段落的格式设置，如图3-30所示。

图3-30

3.2 实战案例

3.2.1 立体贴图

目标：通过贴图的过程熟悉选区、变换和图层的综合用法，效果如图3-31所示。

图3-31

■ 操作步骤

01 打开图3-32所示的两张原始素材图像。

02 使用移动工具并按鼠标左键将海洋生物的图像从一个文件拖曳到另外一个文件中，图层面板中会自动生成一个新的图层，如图3-33所示。

图3-32

图3-33

03 将其不透明度降低，然后按【Ctrl】+【T】快捷键进行变形，在变形的时候会使用缩放、斜切、扭曲等命令，目的是让贴图形状正好贴到立体盒子的正面，如图3-34所示。

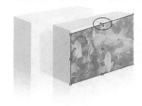 

图3-34

04 调整好之后可恢复"图层1"的不透明度，如图3-35所示。

图3-35

提示 为了更好地找到图像准确的位置，可以适当降低"图层1"的不透明度。

05 使用移动工具并按【Alt】键复制一个新的海洋生物图像并放置到图3-36所示的位置。

图3-36

06 参考步骤03和步骤04，使图像正好贴到后面的立体盒子的正面上，如图3-37所示。

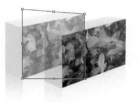 

图3-37

07 去掉图像中多余的地方。使用多边形套索工具，创建图3-38所示的选区。

图3-38

08 按【Delete】键删除选区范围内的图像，如图3-39所示。按【Ctrl】+【D】快捷键可取消选区，如图3-40所示。

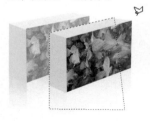 

图3-39 图3-40

09 为后面的图像添加一个投影的效果。使用多边形套索工具创建图3-41所示的选区，然后新建一个空白的图层。

图3-41

10 在保持工具为多边形套索工具的情况下单击鼠标右键，执行快捷菜单里面的羽化命令，设置羽化值为5，如图3-42所示。

图3-42

11 使用矩形选框工具并按【Alt】键去掉部分选择区域，如图3-43所示。

12 将当前的选区填充黑色，按【Ctrl】+【D】快捷键去掉选区，如图3-44所示。此时阴影过深，降低阴影图层的不透明度，效果如图3-45所示。

图3-43

图3-44

图3-45

 打开"每日设计"APP，搜索关键词SP080301，即可观看"实战案例：立体贴图"的讲解视频。

3.2.2 猫咪图鉴设计

目标：掌握两个图层之间生成剪贴蒙版的知识点。设计制作图3-46所示的猫咪图鉴。

图3-46

■ **操作步骤**

01 新建一个A4页面的文件，设置如图3-47所示。按【Ctrl】+【R】快捷键打开标尺，然后从标尺中拉出一个竖向的参考线到画布的中间位置，如图3-48所示。

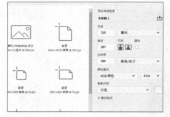

图3-47

图3-48

02 为背景层填充粉色，如图3-49所示。然后使用椭圆工具 ○ 并按住【Shift】键创建一个正圆形的形状，命名为"椭圆1"，如图3-50所示。

图3-49

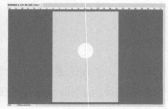

图3-50

03 使用移动工具并按住【Alt】键拖曳形状图层复制两个新图层。在图层面板中同时选中3个图层，然后按【Ctrl】+【T】快捷键调整它们的大小，如图3-51所示。

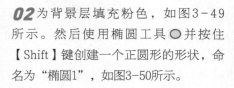 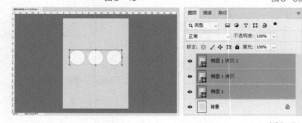

图3-51

04 在选中多个图层的情况下，还可单击工具选项栏中的"平均分布"按钮 ⊪ 调整它们之间的间距，如图3-52所示。继续使用移动工具并按住【Alt】键复制椭圆形图层，如图3-53所示。

图3-52　　　　　　　　　　　图3-53

05 使用矩形工具 ▢ 在椭圆形上方绘制图3-54所示的长方形。然后将猫咪图像放入各个椭圆形之中，如图3-55所示。

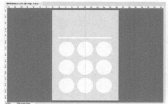
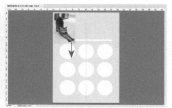

图3-54　　　　　　　　　　　图3-55

06 将一个猫咪的图像文件拖曳到画布中，如图3-56所示。确认其图层位置在将要被蒙住的椭圆形图层之上。单击图像层，按【Alt】+【Ctrl】+【G】快捷键将其和下面的椭圆形图层形成图3-57所示的剪贴蒙版的效果。

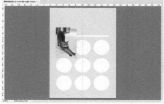
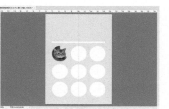

图3-56　　　　　　　　　　　图3-57

07 同理，将其他猫咪图像放入各个椭圆形图层之中，如图3-58所示。最后再添加上文字，猫咪图鉴就制作完成了，如图3-59所示。

图3-58　　　　　　　　　　　图3-59

提示　　在商业设计中，经常会为图像制作蒙版，如图3-60所示。把图像置入一个被切角的矩形框以内的效果，就是利用图层剪贴蒙版制作的。

图3-60

 打开"每日设计"APP，搜索关键词SP080302，即可观看"实战案例：猫咪图鉴设计"的讲解视频。

3.2.3 照片柔焦效果

目标：利用图层的色彩混合模式"变暗"将一个平常的图像做成柔焦的美人图像效果，如图3-61所示。

图3-61

■ 操作步骤

01 打开原色的图像，在图层面板中将背景图层拖曳到"新建"按钮上，复制出新的"图层1"，如图3-62所示。执行"滤镜→模糊→高斯模糊"命令对"图层1"进行虚化，设置数值为3.8，如图3-63所示。

图3-62　　　　　　　　　　　　　　　　图3-63

02 选择"图层1"，设置色彩混合模式为"变暗"，此时画面中便出现柔焦的美人图像效果，如图3-64所示。这种效果是不是很像照相馆拍的艺术婚纱照呢？

图3-64

提示 高斯模糊是对图像进行虚化的滤镜命令，是一个常用的命令。在对话框中主要是设置虚化的半径值，数值越大，图像越模糊，单击减号和加号可缩放对话框的缩览图，注意勾上"预览"选项以观察效果。

 打开"每日设计"APP，搜索关键词SP080303，即可观看"实战案例：照片柔焦效果"的讲解视频。

3.2.4 调整曝光不足

目标：利用图层的色彩混合模式"屏幕"对一张曝光不足的照片进行色调的修正，如图3-65所示。

图3-65

■ 操作步骤 ■

打开原色的图像，在图层面板中将背景图层拖曳到"新建"按钮上，复制出新的"图层0拷贝"。选择"图层0拷贝"的色彩混合模式为"滤色"，发现图像整体的亮度和对比度都有所改善，如图3-66所示。

图3-66

02如果觉得图像不够亮，可继续复制"图层0拷贝"。值得注意的是，在复制图层的同时也复制了这个图层的色彩混合模式，图像会不断地变亮。当然不要复制太多，否则过犹不及。

打开"每日设计"APP，搜索关键词SP080304，即可观看"实战案例：调整曝光不足"的讲解视频。

本章快捷键	【Alt】+【Ctrl】+【G】：生成剪贴蒙版效果
	【Ctrl】+【E】：合并链接图层、合并图层组、向下合并图层

【Ctrl】+【Shift】+【E】：合并可见图层

【Ctrl】+【Shift】+【Alt】+【E】：盖印图层

第 4 章
图像色彩的调整

使用Photoshop 2022时，了解和掌握各种颜色模式的概念是非常重要的。因为颜色模式决定了一张电子图像用什么样的方式在计算机中显示或打印输出。本章重点讲解了几种常用的颜色模式，其中RGB和CMYK这两种模式是重中之重，前一种是针对屏幕显示的加色模式，后一种是针对印刷的四色分色模式，理解它们能帮助用户提高工作效率。

本章核心知识点：
· 颜色模式
· 色域
· 色彩位深度
· 颜色通道和颜色模式的关系
· 图像色彩的调整和修饰
· 图像的调节方式——填充和调节层的使用

4.1 知识点储备

4.1.1 颜色模式

在Photoshop 2022中常见的颜色模式有RGB、CMYK、Lab、灰度和双色调等，不同的颜色模式所定义的色彩范围不同，其通道数目和文件大小也不同，最重要的是它们的应用方向不同。

颜色模式可以在新建文件的时候设定，如图4-1所示。

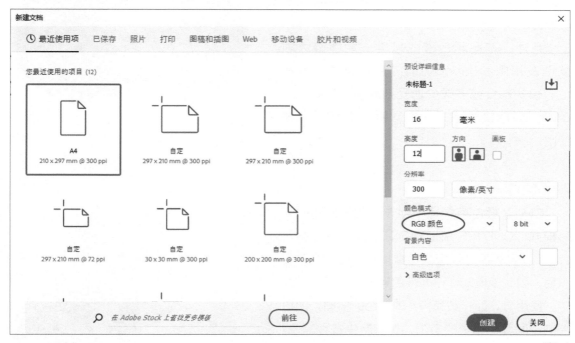

图4-1

在制作文件的过程中，如果需要更改颜色模式，则执行"图像→模式"下的相关命令，如图4-2所示。

图4-2

下面介绍6种常用的颜色模式，以便有效地利用它来工作。

1. RGB颜色模式

RGB颜色模式是Photoshop中使用最多的颜色模式之一。RGB分别指的是红色、绿色和蓝色，当这3种颜色以最大值叠加到一起就会产生白色，因此该模式也称为加色模式，如图4-3所示。如果出版物在网上发行，便可采用RGB颜色模式来设置颜色。

另外，RGB颜色模式是唯一能够最大限度地发挥Photoshop功能的色彩模式，其他色彩模式都会或多或少地受到限制。例如，在CMYK颜色模式下，很多滤镜命令都不能被使用。

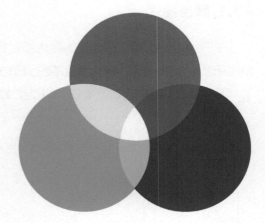

图4-3

2. CMYK颜色模式

CMYK颜色模式是一种专业用于印刷的色彩模式。CMYK分别指青色、品红、黄色和黑色，当这4种颜色以最大值叠加到一起便会产生黑色，因此该模式也称为减色模式。在印刷过程中，使用青、品、黄和黑4种颜色的油墨，通过控制不同颜色墨量的多少，叠加产生各种颜色。青、品、黄和黑4种颜色就被称为印刷色。每种油墨都有自己的一组印刷网点，4组印刷网点在视网膜上混合可形成各种颜色，如图4-4所示。

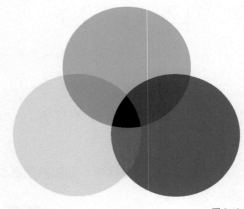

图4-4

CMYK颜色模式搭建起了Photoshop和平面设计之间的桥梁，是一种非常重要的色彩模式，可以称其为"四色印刷模式"。

3. Lab模式

Lab模式是通过A、B两个色调参数和一个光强度参数来控制色彩，A、B两个色调可以通过−128 ～ +128 的数值变化来调整色相，其中A色调为由绿到红的光谱变化，B色调为由蓝到黄的光谱变化，光强度可以在0~100调节，当RGB和CMYK两种颜色模式互换时，都需要先转换为Lab模式，这样才能减少转换过程中的损耗。

4. Grayscale灰度颜色模式

灰度颜色模式是用0~255的不同灰度值来表示图像，0表示黑色，255表示白色。灰度颜色模式能够很好地再现自然界的景观，但是该模式的图像是没有彩色颜色信息的，一般黑白报纸广告用得比较多。

5. 索引颜色模式

索引颜色模式使用0~256种颜色来表示图像，当一张RGB或CMYK的图像转化为索引色时，Photoshop 2022将建立一个256色的色表来储存此图像所用到的颜色，因此索引色的图像占硬盘空间较小，但是图像质量不高。该模式适用于制作多媒体动画和网页图像。

6. HSB 颜色模式

HSB颜色模式将色彩分解为色相、饱和度和亮度，其色相沿着0°~360°的色环进行变换，只有在编辑颜色时才可以看到这种颜色模式。

4.1.2 色域

色域是一个色系能够显示或打印的颜色范围。人眼所能看到的颜色范围比任何色彩模式中的色域都宽。

在Photoshop中Lab色彩模式的色域最宽，它包括RGB和CMYK色域中的所有颜色。RGB色域包括在计算机显示器或电视屏幕上能显示的所有颜色。

CMYK色域较窄，仅包含印刷油墨能打印的颜色。当不能被打印的颜色在屏幕上显示时，它们被称为溢色，即超出CMYK色域。打开一张RGB色彩模式图，选择"视图"菜单下的"色域警告"命令，会在超出CMYK色域的地方出现灰色，如图4-5所示。

图4-5

4.1.3 色彩位深度

计算机里的数据，无论是文字、图像还是音像等都用二进制语言来表示，上面提到的位图模式就是一个1位位深的图像，因为位图模式只有黑色和白色两种颜色，即2。在Photoshop 2022里处理图像的标准位深度是 8 位/通道。如果需要提高图像的位数，执行"图像→模式→16位/ 通道"或"图像→模式→32位/ 通道"命令即可。

4.1.4 颜色通道和色彩模式的关系

每一种色彩模式对应着相应的通道，图像中默认的颜色通道数取决于其色彩模式，如RGB色彩模式有4个通道，其中一个是用以查看效果的RGB混合通道，其他则是单独的存储红、绿、蓝信息的通道，如图4-6所示。

图4-6

CMYK色彩模式有5个通道，其中一个是用以查看效果的CMYK混合通道，其他则是单独的存储青色、洋红、黄色、黑色信息的通道，如图4-7所示。

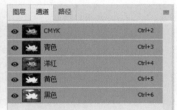

图4-7

除了颜色通道外，Photoshop 还能给图像添加Alpha通道，Alpha通道不同于颜色通道，主要是用来存储选择区域的。

4.1.5 图像色彩的调整和修饰

1. 图像调节的基本概念

在通常情况下，一个项目的前期工作主要是收集图像素材，收集素材的方法有很多种，如直接利用图库、网络收集或者用相机拍摄等。通过这些途径得到的图像一般存在很多的问题或缺陷，如一张描述湖光山色的风景图像，它的天空是偏绿色的，这显然不符合大自然的色彩规律，再如，图像有色彩对比太弱、偏色和曝光不足等问题。Photoshop 2022强大而专业的色彩色调调整功能，能够有效地调整上述图像缺陷。利用Photoshop 2022强大的调色功能还能够获得很多特效，如把20世纪70年代的黑白老照片做成彩色照片，或者把普通的生活照做成照相馆常见的柔焦美女照等。

2. 图像一般要调节的部分

图像的调节一般应从3个方面来考虑,即图像的层次、图像的颜色和图像的清晰度。如果一张图像的这3个方面都比较好,则质量算是不错了。层次调节主要是处理好图像的亮调、中间调和暗调,使图像层次分明,各层次都保留完好并显现清楚。颜色调节主要是针对图像中的偏色现象进行纠正。图像的清晰度主要强调表现细节,使图像看起来更醒目。

3. 图像调节原则

当然上面这3个方面是一个大的参考尺度,每个人的眼光不一样,调节的习惯也存在一些差异,但是有两个原则要把握:忠实于原稿和忠实于视觉习惯。

4. 色彩的调整命令

在Photoshop 2022中所有有关色彩调整的命令基本上集中在菜单栏的"图像→调整"命令下的子命令中,如图4-8所示。使用这些色彩调整命令,可以直接调整整个图层的图像或是选择范围内的部分图像。

(1)"色阶"和"自动"色阶命令

在图4-9中,左边图像的亮调、中间调和暗调的层次不分明;通过"色阶"命令进行调整后,效果如右图。"色阶"命令的功能是调整图像的亮调、中间调和暗调的层次分布。具体请参考本章案例"调整图像的色阶"。

图4-8

图4-9

在"色阶"对话框中有一个"自动"按钮,单击该按钮图像会进行自动调整,如图4-10所示。

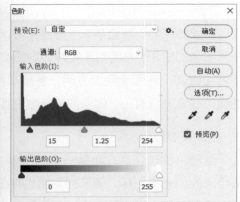

图4-10

"自动"色阶命令虽然使用方便，但并不适用于所有情况。例如，图4-11所示是使用色阶命令手动调整的效果，图4-12所示是手动调整的数值参考，图4-13所示是自动调整的结果，对比之下显然手动调整的效果更加真实，所以一般可以先尝试使用"自动"色阶命令，如果效果不满意，则可按【Ctrl】+【Z】快捷键恢复、重做。

图4-11

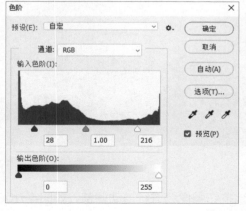

图4-12

图4-13

（2）"亮度/对比度"命令

在图4-14中，左边的图像整体色调比较暗、对比度也不够；通过"亮度/对比度"命令进行调整后，得到改善后的右边的图像。"亮度/对比度"命令主要是针对图像的亮度和明暗对比程度来调整的，是一个使用比较简单和快捷的调色工具。

图4-14

（3）精细调整图像的色调——"曲线"命令

在图4-15中，左边的图像通过"曲线"命令调整后得到右边改善后的图像。"曲线"命令是一个非常专业精细的色彩调整命令，它的功能原理和"色阶"命令其实是一样的，但是它的优势在于可进行更加精细的调整，具体体现在它的曲线功能上。图4-16所示是"曲线"对话框，其核心功能就在中间的一根曲线上，默认的情况下它是一根对角的直线，将鼠标指针移到曲线上单击即可添加一个调节点，向上或向下拖曳它，图像会发生相应的变化。

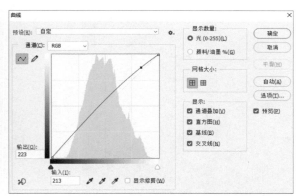

图4-15   图4-16

使用"曲线"命令需注意：曲线上的每一个点代表着图像中相对应的一个色阶层次，如图4-17所示，A处的节点对应着图像中较亮的树木，而B处对应着较暗的树木。选中节点向上拖曳会发现图像整体变亮，而向下拖曳则变暗。可以想象如果将A处节点向上拖曳，再将B处节点向下拖曳，图像应该是亮的更亮、暗的更暗，对比度变高，因此曲线命令可以替代"亮度/对比度"命令。

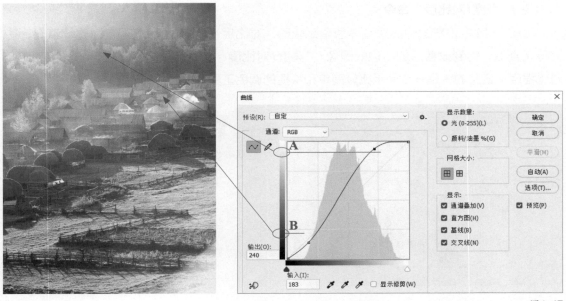

图4-17

曲线上最多可添加15个节点代表15个层次，因此曲线支持对图像进行十分精细的调整，但是一般情况下不需要那么多节点，如果想删掉多余的节点，只需将它拖出对话框之外。

图4-18所示的设置可提高图像的色彩饱和度，相当于执行"调整→色相/饱和度"命令。用户也可以从图层面板上调用"色相/饱和度"调节层，在"色相/饱和度"对话框中设置图像的"饱和度"（即颜色的鲜艳程度），如图4-19所示。

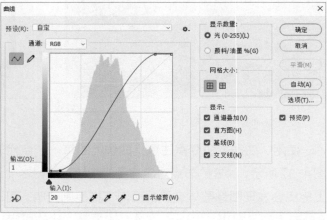

图4-18

图4-19

在图4-20所示的"曲线"对话框中还有一个铅笔按钮，选择该按钮可直接在表格中绘制任意曲线，如果绘制的曲线和初始曲线反向交叉，会发现图像呈现类似于照片底片的负片效果。执行"图像→调整 →反相"命令也能实现这个效果。因此，可以得出结论：曲线命令可以替代"反相""亮度/对比度"和"色相/饱和度"命令。

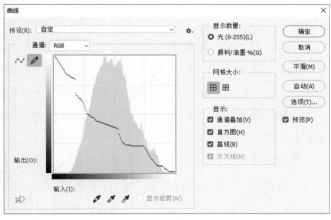

图4-20

（4）调整色偏的命令——"色彩平衡"

在图4-21中，左边的图像显得绿色的成分太多，有些失真；通过"色彩平衡"命令为它添加红色的成分，可得到色彩层次更多的右边的图像。在"色彩平衡"对话框进行的设置如图4-22所示。

图4-21

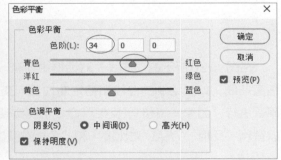

图4-22

（5）针对色彩的三要素进行调整的命令——"色相/饱和度"

在学习"色相/饱和度"命令之前需要对色彩的三要素有一定的概念。

· 色彩三要素

一般来说，大家习惯这样描述色彩："某某今天穿了一件大红色的上衣""他手里拿着一条白色的围巾""今天的天真蓝"等，这样的描述在日常生活中已经足够，但是作为专业设计者，必须以专业的眼光去观察色彩。

色彩的三要素是色相（Hue）、明度（Bright）和饱和度（Saturation）。这是色彩的基本特征，缺一不可。色相是一种颜色区别于另一种颜色最显著的特性，它用于判断颜色是红、绿或是其他色彩。明度就是人们所感知到的色彩的明暗程度。饱和度也叫纯度，指的是色彩的鲜艳程度。

· 色相

色相指的是色彩的相貌，就是通常意义上的红、橙、黄、绿、青、蓝、紫。打开Photoshop 2022的"拾色器"对话框，单击"H"以调整色相的方式调整色彩，如图4-23所示。

但要注意一点：色彩的相貌只是相对而言的，最好理解成"这种色彩带有红色（橙、黄、绿、青、蓝、紫）的倾向"。各种色彩之间是没有绝对界限的。如果想学好平面设计，建议大家搜集专业的书籍好好研究一下色相环，如图4-24所示。

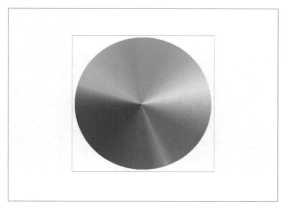

图4-23

图4-24

· 明度

明度指的是一种色彩在明暗上的变化。在"拾色器"对话框中可单击"B"以调整明度的方式调整色彩，如图4-25所示。

· 饱和度

饱和度指的是色彩的鲜艳程度。在"拾色器"对话框中可单击"S"以调整饱和度的方式调整色彩，如图4-26所示。

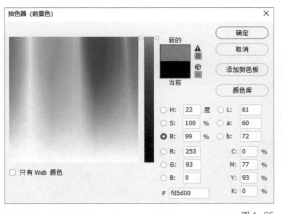

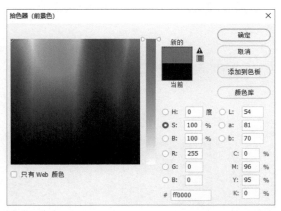

图4-25

图4-26

"色相/饱和度"命令就是专门针对色彩的三要素进行调整的命令。如图4-27所示，左图中的向日葵色彩饱和度太低，可通过"色相/饱和度"命令将其调整为右图中明快的色调。在"色相/饱和度"对话框中将向日葵的主色调调整成"黄色"，然后加大饱和度和明度数值可得到明快的图像效果，如图4-28所示。

用户也可通过对话框中的"着色"选项（见图4-29）将图像做成一个统一的色调，如图4-30所示。

图4-27

图4-28

图4-29

图4-30

（6）"去色"命令

对图像执行"图像→调整→去色"命令会丢弃图像中的彩色信息，得到只有黑、白和灰色调的图像，如图4-31所示。

图4-31

（7）"替换颜色"命令

如何操作才能使图4-32中花瓣的颜色发生变化而不影响其他部分的颜色呢？"替换颜色"命令就是针对这种情况的命令，"替换颜色"对话框中的黑白缩览图是当前选择范围的预览区，白色部分表示被选中的进行调色的区域，加大"颜色容差"数值可以扩大选择的范围。

白色的地方表示选择的颜色范围

图4-32

（8）"可选颜色"命令

"可选颜色"命令用于指定以画面中的某种颜色为基调进行调整。图4-33就是以黄色为基调进行调整的，结果增加了花蕊的黄色的纯度，同时也把深绿色的叶子改为青绿色的叶子了。

图4-33

（9）"通道混合器"命令

"通道混合器"命令将当前颜色通道中的像素与其他颜色通道中的像素按一定程度混合，利用它可以进行创造性的颜色调整，如创建高品质的灰度图像、深棕色调或其他色调的图像。

调出"通道混合器"对话框，如图4-34所示。

图4-34

首先在输出通道部分选择进行混合的通道（可以是一个，也可以是多个）。然后在源通道部分调整某个通道的三角形滑块：将三角形滑块向左拖动，可减少源通道在输出通道中所占的百分比；向右拖动，则所得相反。用户也可以在数据框中输入–200～+200的数值，数值为负时，源通道反相加入输出通道。

如果选择单色选项，能对所有输出通道应用相同的设置，得到只有灰阶的图像（色彩模式不变），如图4-35所示。

图4-35

（10）"渐变映射"命令

"渐变映射"命令是一个比较特殊的命令，生成的效果如图4-36所示。

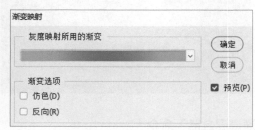

图4-36

（11）"反相"命令

执行"图像→调整→反相"命令可获得类似照片底片的效果，如图4-37所示。

图4-37

（12）"色调均化"命令

"色调均化"命令能重新分配图像中各像素的亮度值，效果如图4-38所示。

图4-38

（13）"阈值"命令

"阈值"命令能把彩色或灰阶图像转换为高对比度的黑白图像。指定一定色阶作为阈值，然后执行命令，比指定阈值色阶高的像素会转换为白色，比指定阈值色阶低的像素会转换为黑色，如图4-39所示。

"阈值"对话框中的直方图显示当前选区中像素的亮度级，拖曳直方图下的三角形滑块会改变图像中的细节，如图4-40所示。

图4-39

图4-40

（14）"HDR色调"命令

HDR是一种高动态光照渲染的技术，而在Photoshop中，利用HDR进行色调的调节，可以把图像亮的部分调节得非常亮，暗的部分调节得很暗，而且亮部的细节会被保留，这与曲线、色阶和对比度等的调节不同。

在Photoshop中的HDR色调，可以把普通的图像转换成高动态光照图的效果，主要用于三维制作软件里面的环境模拟的贴图。图4-41所示是"HDR色调"对话框。

图4-41

4.1.6 图像的调节方式——填充和调节层的使用

1. 填充图层

第3章的实战案例中使用过填充图层系列命令里面的"纯色"命令，它的特点是单独在图层面板中创建一个新的填充图层，而不是一个单纯的填色过程。这个单独的填充图层可以结合图层面板的其他功能（如色彩混合模式、不透明度等）来达到更加复杂的填充效果。

在填充图层中包括"图案""纯色"和"渐变"3个命令，如图4-42所示。

图4-42

2. 调整图层

调节层和填充层的用法基本一样，只是它是结合Photoshop 2022的调色命令来操作的。在对图像进行色彩调整的时候，一般可以使用"图像"菜单下的"调整"里的命令，但是更好的方法是使用调节层来实现对图像的调整。

> **提示** 调节层对图像层本身的色彩并没有进行更改，只是附加了一个调节的效果而已，这一点比直接使用菜单命令"对图像进行破坏性的调整"具有极大的优势。在不需要这个效果的时候可以随时关闭此层的眼睛，而且丝毫不影响图像本身。

单击图层面板中的 ◎ 按钮会弹出图4-43所示的下拉菜单，选中"色阶"命令，对弹出的属性面板进行设置，如图4-44所示，此时在图层面板里出现了一个新的调节层。

调整好后，若觉得不满意，常用的方法是按【Ctrl】+【Z】快捷键恢复并

图4-43

图4-44

重做，但使用调节层则可以直接单击调节层的缩览图，再次调出对话框进行调整。这是用调节层调整图像比使用菜单命令的优越之处。

4.2 实战案例

4.2.1 调整图像的色阶

目标：通过该案例熟悉"色阶"命令的
功能和使用方法。图4-45所示的图像的亮
调、中间调和暗调的层次不分明，可通过
"色阶"命令调整以得到改善。

图4-45

■ 操作步骤

01 打开图像文件，执行"图像→调整→色阶"命令，弹出"色阶"对话框，如图4-46所示。图中
A、**B**、**C**处各有一个小三角，分别表示图像的暗调、中间调和亮调区域，可移动它们进行调整，也可以在
上面输入色阶的数值框里直接输入数值。调整的时候一定要注意随时观察图像的变化，一般不要有太大程
度的调整，否则会过犹不及。

02 在"通道"下拉菜单中选择单独的图像通道RGB。

03 使用白色吸管在画面中最亮的地方单击，找准画面的白场，如图4-47所示，至此本案例完成。

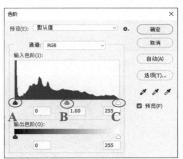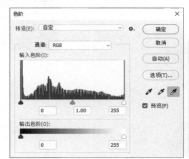

图4-46   图4-47

> **提示**　如果在调整的时候对结果不满意，则按住【Alt】键会发现对话框中的"取消"按钮变
> 成"复位"字样，单击可快速恢复到初始状态，以便重新调整。此用法可类推到所有
> Photoshop对话框。

 打开"每日设计"APP，搜索关键词SP080401，即可观看"实战案例：调整图像的色阶"的
讲解视频。

4.2.2 食品广告图的调色案例

目标：掌握"曲线""可选颜色"等命令。如图4-48所
示，让左侧食品海报图上的肉质看上去更新鲜。

图4-48

■ 操作步骤

01 打开原始图像文件，在图层界面执行"调整→曲线"命令，对图像的整体色温进行调整。选择"红色"通道，在中间区域建立点，往下拖曳，如图4-49所示；选择"蓝色"通道，在中间区域建立点，往上拖曳，如图4-50所示。通过调色画面的整体色调就偏冷了，如图4-51所示。

图4-49　　　　　图4-50　　　　　图4-51

02 选择"RGB"通道，调整整体曲线，在亮部区域建立点并往上拖曳，在暗部区域建立点并往下拖曳，使对角线呈现S形状态，如图4-52所示。至此，画面整体的对比度就增强了，如图4-53所示。

图4-52　　　　　　　　图4-53

03 在图层界面执行"调整→可选颜色"命令，选择"红色"通道，将青色数值设置为-26，洋红数值设置为12，黄色数值设置为7，如图4-54所示。给可选颜色调整图层添加蒙版，将前景色设置为黑色，流量和不透明度设置为100%，选择画笔工具，在不需要改变颜色的地方涂抹，如图4-55所示。这样就避免了背景中的调料等区域抢夺牛肉的视觉中心位置，如图4-56所示。

图4-54　　　　　图4-55　　　　　图4-56

04 选择套索工具，选中画面中的牛肉部分，在图像上单击鼠标右键，执行快捷菜单中的"羽化"命令，将羽化半径设置为10像素，如图4-57所示。

图4-57

05 在图层界面执行"调整→曲线"命令，选择"RGB"通道，在曲线上建立两个点，将对角线调整为S形，如图4-58所示。这样就只增加了牛肉部分画面的对比度，让牛肉看起来更有质感，如图4-59所示。

图4-58　　　　　　　　图4-59

06 选择套索工具，大致选中画面的主体，在画面上单击鼠标右键，执行快捷菜单中的"羽化"命令，将羽化半径设置为300像素，如图4-60所示。然后按【Ctrl】+【Shift】+【I】快捷键，得到画面背景的选区，如图4-61所示。

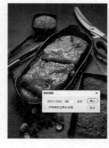  

图4-60　　　　　　　　图4-61

07 在图层界面执行"调整→曲线"命令，将曲线最右边的点向下移动，并在曲线中间建立点，将其稍微往下拖动，如图4-62所示。这样就可以让高光消失，画面背景不再抢眼，但画面并不是整体变暗，如图4-63所示。

图4-62　　　　　　　　图4-63

08 按【Ctrl】+【Shift】+【Alt】+【2】快捷键，得到画面亮部的选区，如图4-64所示。在图层界面执行"调整→亮度/对比度"命令，将亮度和对比度设置为10，如图4-65所示，牛肉上的纹理就会更突出。图像的最终效果如图4-66所示。

图4-64　　　　　　图4-65　　　　　　图4-66

打开"每日设计"APP，搜索关键词SP080402，即可观看"实战案例：食品广告图的调色案例"的讲解视频。

本章快捷键	【Ctrl】+【U】：色相/饱和度	【Ctrl】+【M】：曲线
	【Ctrl】+【L】：色阶	【Ctrl】+【B】：色彩平衡
	【Ctrl】+【Shift】+【I】：反选	

第 5 章
绘图和修图工具

本章主要讲解Photoshop 2022的绘图和修图工具，以及如何定义和运用图案效果。在绘图工具部分，因为画笔工具产生的效果非常丰富，需要重点掌握画笔工具的使用方法。其中，历史记录画笔是一个特殊的画笔，具有局部恢复图像操作步骤的功能。

针对图像细节的调整，需要掌握修图类的工具，如仿制图章、模糊、锐化和海绵等。

图案的定义非常简单，将它运用到图像效果中的方法是灵活多变的，可以利用颜料桶填充，也可以利用菜单命令填充，甚至直接使用填充图层来实现。

本章核心知识点：
· 绘图工具及其色彩模式
· 图案的定义和应用
· 修图工具

5.1 知识点储备

5.1.1 绘图工具

　　Photoshop 2022的绘图工具功能非常强大，包括画笔、铅笔、橡皮擦和历史记录画笔等，在学习的时候一定要注意结合它们的选项栏的设置。另外还有两个填色工具——颜料桶和渐变工具，使用这两个工具能够创造出非常漂亮的效果。

1. 画笔的基本用法

　　画笔 是绘图工具中功能最强大的工具之一，其基本设置如图5-1所示，此时可以修改它的直径大小和不透明度。想要更高级的设置，可以执行"窗口→画笔"命令打开画笔面板，如图5-2所示，在该面板中可以设置它的角度、圆度和间距等，以产生不同样式的画笔。

　　用户还可以在画笔面板里设置更加高级的选项，如"动态画笔""纹理"和"杂色"等。图5-3给出了其中几种设定效果，希望大家能够举一反三尝试其他效果。

2. 铅笔的基本用法

　　铅笔工具用于绘制硬边的线条，绘制的颜色为前景色。在铅笔工具的选项卡中可以打开画笔预设，里面包含软件中预设好的不同效果的画笔，如图5-4所示。

3. 橡皮擦工具的使用

　　橡皮擦工具用于擦除颜色，但是有两种情况比较特殊：一是当它在背景层使用的时候就变成了画笔；二是当选中选项栏中的"抹到历史记录"选项的时候，它就变成和历史记录画笔一样的用法。具体设置如图5-5所示。

　　背景色橡皮擦工具起到将像素擦除成透明的效果，设置如图5-6所示。

　　魔术橡皮擦工具可根据颜色的近似值来确定擦除成透明的范围，类似于魔棒工具，它也有容差值的设定，效果如图5-7所示。

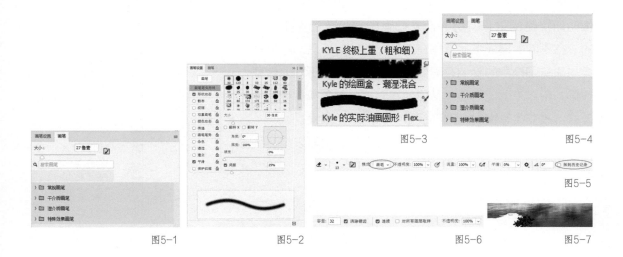

图5-1　　　　　　图5-2　　　　　　图5-3　　　　　　图5-4

图5-5

图5-6　　　　　　图5-7

4．历史记录画笔

历史记录画笔用于对图像进行局部的效果恢复，它在使用的时候需要结合历史记录面板，具体可参照本章实战案例："照片美容——快速磨皮"。

5．渐变工具

渐变工具用来填充渐变的颜色，它有5种渐变方式，分别为线性渐变、径向渐变、角度渐变、对称渐变和菱形渐变，如图5-8所示。

渐变工具

图5-8

单击图5-8 ❶处会弹出渐变编辑器，用以设定自定义的渐变色，如图5-9所示。

设置渐变方式为"角度渐变"，选择"彩虹色"渐变条（见图5-10），绘制出的色相环效果如图5-11所示。

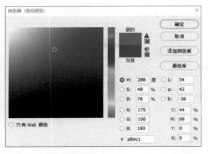

图5-9

图5-10

图5-11

5.1.2 绘图工具的色彩模式的应用

选择画笔工具可看到在选项栏中有很多种色彩模式可供选择，默认情况下是正常模式，如图5-12所示。

笔刷的色彩混合模式用来控制使用笔刷描绘或修复图像时所产生的效果，每种模式都有自己特定的作用和目的。在不同的模式下，笔刷在图像上描绘时所画的颜色都会与原有图像中的颜色及图像中的可见层产生不同的合成效果，所以笔刷混合模式又称效果模式、着色模式或笔刷模式。改变色彩模式会得到很多特殊的颜色效果。

色彩混合模式除了能结合画布来使用，也可以结合到图层中使用。

图5-12

5.1.3 图案的定义和应用

用户可以将图像中的某些部分作为一个图案定义下来，然后结合颜料桶以及填充命令来使用。

1. 定义图案

定义图案的步骤：首先使用矩形选框工具在图像中框选出图案的选区范围，然后执行"编辑→定义图案"命令即可。

> **提示**　定义图案的选择区域必须是使用矩形选框工具创建的，而且不能有羽化值。

2. 填充图案

定义好图案后，可以使用颜料桶工具或执行"编辑→填充"命令进行填充。

5.1.4 修图工具

照片除了会存在色调、层次和颜色等问题之外，有时候还会有一些细节上的问题，如人物照片中的"红眼"，年月久远的老照片上的墨迹和污点等。针对这些Photoshop 2022提供了一系列修图工具，下面就来具体学习它们。

1. 仿制图章工具

仿制图章工具可精确地将图像的一部分复制到另一个位置，主要用来修复照片中的污点等。使用的技巧是：一定要先在准备复制的位置按【Alt】键并单击鼠标左键，以得到原始的取样点的像素信息，然后将鼠标指针移动到目标位置进行复制。图5-13所示是利用仿制图章工具修复一张老照片上黑点后的效果。

注意修图的时候要避免出现太生硬的边缘，如图5-14所示。这时，关键是要调整工具的硬度，使其小于50%。

图5-13

图5-14

2. 修复画笔工具

修复画笔工具和仿制图章工具比较类似，操作方法一样，不同之处在于，它在修复图像的时候会保留目标区域颜色的明度，而不是完全的复制过程。利用它的这个特点可以轻易地修复一些复杂的图像区域。如图5-15所示，模特嘴上杂乱的唇纹就被轻易地淡化了。如果这里用仿制图章工具，就很难修复得这么自然。

使用修复画笔工具同样需要注意硬度的设置，如图5-16所示。选中它后在选项栏上单击画笔可修改它的硬度数值，当然也可根据需要修改它的大小、间距、角度和圆度等参数。

图5-15

图5-16

3. 修补工具

修补工具的用法非常简单，首先在图像中圈出需要修复的地方，这时会出现一条蚂蚁线，然后移动蚂蚁线到取样的区域即可。

4. 涂抹工具

涂抹工具将像素顺着鼠标指针的走向移动位置，可用来模仿烟雾的效果等。注意使用的时候可通过调整选项栏中的强度值来改变操作的强度，如图5-17所示。

图5-17

5. 模糊工具和锐化工具

模糊工具和锐化工具分别使图像的像素变得更加模糊或清晰，常用于细节的调整：如使用锐化工具加强人物的眼神，如图5-18所示；使用模糊工具模糊照片中的背景来突出前景中的对象，如图5-19所示。

图5-18

图5-19

6. 减淡工具和加深工具

减淡工具可加亮图像的像素，加深工具可加深图像的像素，两者都是用于细节色调调整的工具。图5-20所示是使用减淡工具和加深工具修图后的前后效果对比。

图5-20

7. 海绵工具

海绵工具用来增加或降低图像中颜色的饱和度，如图5-21所示，去色模式为降低饱和度，加色模式为增加饱和度。图5-22所示是使用海绵工具为图像增加饱和度后的效果。

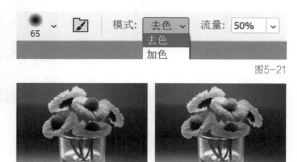

图5-21

图5-22

5.2 实战案例

5.2.1 照片美容——快速磨皮

目标：掌握使用历史记录画笔结合历史记录面板对照片快速磨皮的技巧；另外，针对照片的实际问题，结合其他命令来调整其色彩的明度和对比度。

磨皮效果前后对比如图5-23所示。

图5-23

操作步骤

01 打开需要磨皮的人物照片文件，如图5-24所示。

图5-24

02执行"滤镜→模糊→高斯模糊"命令将其模糊，模糊的程度以脸上的皱纹和眼袋等基本看不见为准，如图5-25所示。

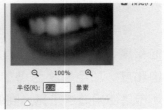

图5-25

03此时查看历史记录面板会发现Photoshop 2022保存了两步操作："打开"和"高斯模糊"，如图5-26所示。选择历史记录画笔工具，在画布中单击鼠标右键，在弹出的快捷菜单中设置其大小和硬度等参数。注意硬度为0%，如图5-27所示。

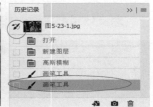

图5-26   图5-27

04使用历史记录画笔在画布中人物眼睛的部位进行涂抹，可发现眼睛部位变清晰了，这是因为在历史记录面板中设置的"源"是在没有经过模糊的状态的快照。换句话说，历史记录画笔涂抹过的位置恢复到了初始的清晰效果，如图5-28所示。

图5-28

> **提示**　图5-26中历史记录面板里第一行记录图标的位置，标示了历史记录画笔涂抹时候的源。

05同理，涂抹人物嘴唇、鼻子的下部边缘和脸部的轮廓等部位。这些部位都是没有皱纹的位置，而原来有皱纹的位置保留了高斯模糊之后的效果，这样可以得到磨皮的效果，如图5-29所示。适当降低画笔的不透明度，如图5-30所示。然后注意涂抹前面的头发和领口的部位，设置参数如图5-31所示。再降低画笔的不透明度，设置参数如图5-32所示。

图5-29   图5-30

图5-31

图5-32

06 涂抹后面的头发和剩下的衣服，如图5-33所示。到此为止得到了一个具有景深效果的人物照片，人物脸部的皮肤经过了磨皮处理。此时单击历史记录面板下方的"新快照"命令 ，可将当前的步骤保存为一个快照1，如图5-34所示。

图5-33　　　　　　　　　　　　　　　　图5-34

07 单击历史记录面板下方的"新建文档"命令，基于当前的快照创建一个新的文档。可在Photoshop 2022中对比创建前后的效果，如图5-35所示。到此为止，人物磨皮的过程基本完成，但照片的颜色仍存在一定的问题，可尝试复制当前的图层，然后设置其色彩混合模式。最终效果如图5-36所示。

图5-35　　　　　　　　　　　　　　　　图5-36

打开"每日设计"APP，搜索关键词SP080501，即可观看"实战案例：照片美容——快速磨皮"的讲解视频。

5.2.2 欢迎手幅

目标：利用渐变、色相/饱和度和内阴影做一个手持横幅，如图5-37所示。

图5-37

■ **操作步骤** ■

01 新建一个300×100毫米的文件，参数设置如图5-38所示。使用渐变工具填充背景图层，选择线性渐变方式，渐变预设设置为彩虹色05，如图5-39所示。

图5-38

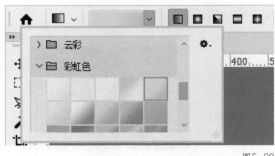

图5-39

02 使用文字工具输入 "welcome" ，颜色设置为青绿色，字体设置为Tahoma，字体大小设置为150点，其他参数设置如图5-40所示。使文字充满整个页面，如图5-41所示。

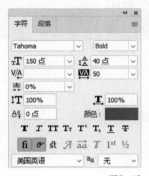

图5-40

图5-41

03 给文字图层添加 "内阴影" 效果，设置内阴影角度为-68° ，不透明度调到35%，距离调到15像素，具体参数设置如图5-42所示。

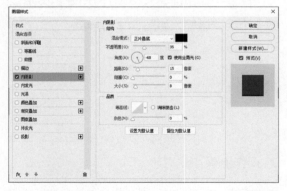

图5-42

04 按住【Shift】键，画出一个等圆选区，然后使用渐变工具，选择径向渐变方式，渐变预设选择 "前景色到透明渐变" ，在选区内填充渐变色，得到一个光点，如图5-43所示。

图5-43

05 按【Ctrl】+【C】快捷键，复制背景光点图层；按【Ctrl】+【V】快捷键，粘贴背景光点图层。调整复制图层位置，使整个画面更丰富，如图5-44所示。

图5-44

06 将部分光点的不透明度调为65%，如图5-45所示，让光点有明暗层次。

07 添加"色相/饱和度"图层，色相调整为+20，饱和度调整为+55，明度调整为-11（见图5-46），得到不同色调的效果，如图5-47所示。用户可以根据自己的喜好进行调整。

图5-45

图5-46

图5-47

 打开"每日设计"APP，搜索关键词SP080502，即可观看"实战案例：欢迎手幅"的讲解视频。

本章快捷键	【Ctrl】+【C】：复制
	【Ctrl】+【V】：粘贴

第 6 章
图层的高级应用 2

本章主要围绕图层的各种高级功能进行讲解。图层组的功能主要是管理图层面板，用户可以对图层组进行同时变形、移动、合并等操作。

图层样式可以创造非常多的特殊效果，而且简单易学。

蒙版是Photoshop 2022图层应用的精华，可形成自然的合成图像效果，在平面广告设计和影视合成工作中发挥着重要的作用。

本章核心知识点：
· 图层组的概念和应用
· 图层样式
· 高级合成图像技巧——图层蒙版

6.1 知识点储备

6.1.1 图层组的概念和应用

　　Photoshop 2022中的图像有时候会有非常多的图层，这时要找某个图层会很不方便，因此我们可以根据每个图层的功能进行分类，如文字层统一为一个组，图像层统一为一个组等，所以图层组的功能就是"管理"图层面板。

　　用户通过图层组可以方便地查看和寻找图层的位置。图层组可以折叠或打开，如图6-1所示，在图层组的旁边有一个小三角形，单击这个小三角形，就可以展开这个图层组，再次单击小三角形，就可以恢复到展开前的状态。

图6-1

1. 创建图层组

　　将需要放置到一个组里面的图层全部选中，执行图层面板右上角菜单中的"从图层新建组"命令，会弹出图6-2所示的对话框，单击"确定"按钮后会发现所有链接图层进入一个新的图层组中。

图6-2

　　单击图层面板中的"创建新组"按钮会在图层中新建一个空的图层组，然后将单独的图层拖入其中以管理图层。

2. 合并组

　　图层组除了有将图层进行归类管理的功能外，还可以合并图层。选择某个图层组，执行图层面板右上角菜单中的"合并组"命令即可。

3. 删除图层组

　　如果想删除某个图层组，则可以将其拖曳到"删除图层"按钮上，但这样做会使图层组和组里的图层都被删除，如果只想删除组而不删除组里的图层，则选择某个图层组，然后单击"删除图层"按钮，弹出图6-3所示的警告对话框，单击"仅组"按钮即可单独删除图层组。

图6-3

6.1.2 图层样式

图层样式在Photoshop 2022中的功能非常强大，利用它可以创造非常多的特殊效果，单击图层面板下面的 *fx* 按钮选择阴影命令，打开图6-4所示的面板，可以看到图层的样式非常多，有投影、内阴影、内发光等。

注意当前深灰色的地方表示正在应用的样式效果，在面板的右边是对应样式的参数。通常在使用这些样式的时候，首先需要熟悉每种样式的参数设置，然后灵活搭配，这样才可以创造出千变万化的效果。

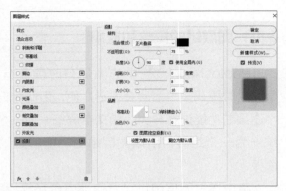

图6-4

1. 样式的控制

在添加了阴影效果的图层后面有一个小三角形，单击这个小三角形就可以把下面展开的效果收起来。

制作好效果后，还可以对图层效果进行修改。首先双击图层中的 *fx* 按钮，然后打开原来使用的对话框，改变里面的各项值即可。

如果制作了某种效果后，又不想要这个效果了，可以把它删掉。具体方法是：首先展开样式，然后将不想要的效果拖曳到"删除图层"按钮上。

2. 复制和粘贴图层样式

在图层面板中的图层名称处单击鼠标右键，弹出图6-5所示快捷菜单，执行"拷贝图层样式"命令可复制当前图层样式。

然后将样式复制到另外的图层中，具体方法是：首先在图层名称处单击鼠标右键，弹出快捷菜单，执行"粘贴图层样式"命令。

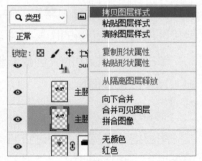

图6-5

3. 样式的缩放

在粘贴图层样式的时候，由于应用的图像大小不同，效果会发生变化，需要对样式效果进行缩放。具体方法是：首先在图层效果上单击鼠标右键，弹出快捷菜单，选择"缩放效果"命令，弹出图6-6所示的对话框，改变缩放比例数值即可实现效果的缩放。

图6-6

6.1.3 高级合成图像技巧——图层蒙版

1. 蒙版是什么

蒙版用于将图像中不需要编辑的区域蒙起来，以避免这些区域受到任何操作影响；在蒙版中黑色区域表示被蒙起来的地方，白色区域表示可以编辑的区域。

2. 蒙版能做什么

蒙版能将多张毫不相干的图像天衣无缝地合成在一张图像上，在平面广告设计和影视合成工作中发挥着重要的作用。利用蒙版可以将图6-7所示的3张图像非常自然地融合为一体，最终效果如图6-8所示。

图6-7　　　　　　　　　　　　　　　　　　图6-8

利用蒙版还可以制作彩色视觉中心的图像效果，如图6-9所示。

3. 创建蒙版

在Photoshop 2022中可以通过多种方法生成蒙版，如通过菜单命令、利用图层面板的"添加图层蒙版"按钮等，也可以直接将选区转换为蒙版。图6-10所示是图层蒙版的缩览图。

图6-9

4. 蒙版的停用和启用

在图层蒙版的缩览图上按【Shift】键并单击鼠标左键会出现图6-11所示的面板，红色叉号表示暂时停用蒙版功能。

图6-10　　　　　　　　　　　　　　　图6-11

在图层蒙版的缩览图上按住【Alt】键并单击鼠标左键会使当前图像文件变为显示蒙版的状态，如图6-12所示。

5. 蒙版的删除和应用

将图层蒙版的缩览图拖到图层面板的"删除图层"按钮上即可删除蒙版。注意弹出的警告对话框提示用户在删除蒙版之前是否将蒙版应用到图层中，如图6-13所示。

图6-12

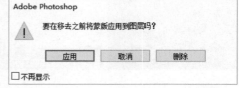

图6-13

6.2 实战案例

6.2.1 水瓶倒影

目标：通过贴图的过程熟悉选区、变换和图层的综合用法，效果如图6-14所示。

图6-14

■ 操作步骤

01 打开图6-15所示的原始素材图像。

02 新建一个文件，尺寸参考如图6-16所示。新建一个图层，使用工具箱中的渐变工具，在"图层1中"创建图6-17所示的黑白渐变效果。

图6-15

图6-16

图6-17

03 使用魔术棒工具在水瓶的图片上选中所有白色的区域，然后按【Shift】+【Ctrl】+【I】（反选）快捷键，如图6-18所示。

04 按【Ctrl】+【C】快捷键进行复制，然后返回新建文件中，按【Ctrl】+【V】快捷键将水瓶粘贴到新建文件中，再按【Ctrl】+【T】快捷键调整其大小，如图6-19所示。

图6-18

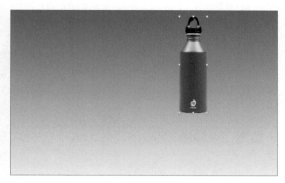

图6-19

05 使用移动工具并按住【Alt】键向左拖曳水瓶，以复制一个新的水瓶，如图6-20所示。

06 新建一个图层，确认这个图层在水瓶图层下，然后使用椭圆选框工具创建图6-21所示的椭圆形选区作为投影的区域。

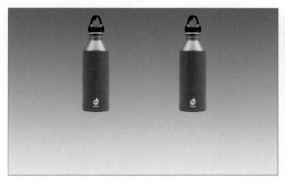

图6-20

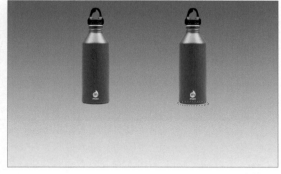

图6-21

07 按【Alt】+【Backspace】快捷键将其填充为黑色，如图6-22所示。

08 降低投影所在图层的不透明度，效果如图6-23所示。

09 复制水瓶图层，按【Ctrl】+【T】快捷键，单击鼠标右键，执行快捷菜单中的"垂直翻转"命令，并将翻转的图像沿垂直方向进行压缩，效果如图6-24所示。

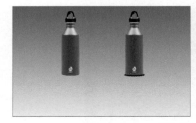

图6-22

图6-23

图6-24

10下面利用图层蒙版，为投影添加渐隐的效果。首先，为翻转的水瓶图层添加一个图层蒙版，如图6-25所示。

11使用渐变工具，设置从黑到白的线性渐变。在蒙版中从上到下拖曳，得到的渐隐效果如图6-26所示。

12下面为整体背景添加一个颜色。首先选中黑白渐变的图层，然后按【Ctrl】+【U】快捷键打开"色相/饱和度"对话框，勾选"着色"选项即可为它上色，调整色相的数值改变其色相，如图6-27所示。

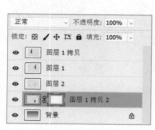

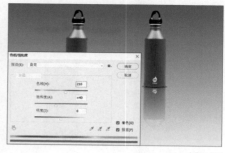

图6-25   图6-26   图6-27

13接下来为另外一个水瓶调整颜色，这次由于水瓶本身已经有颜色了，不需要勾选"着色"选项，直接调整色相和饱和度值即可，如图6-28所示。

14同理，为其制作投影和倒影的效果，最后调整位置和大小，最终效果如图6-29所示。

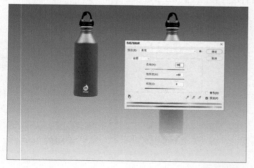

图6-28   图6-29

 打开"每日设计"APP，搜索关键词SP080601，即可观看"实战案例：水瓶倒影"的讲解视频。

6.2.2 山脉倒影

目标：综合运用图层蒙版、图层样式、图层的混合模式以及调色等命令，制作图6-30所示的山脉倒影效果。

图6-30

■ 操作步骤

01 打开图6-31所示的原始素材图像，将美丽的山脉照片拖曳到湖面倒影的照片中。

图6-31

02 在"图层1"上使用多边形套索工具创建图6-32所示的选择区域。

图6-32

03 执行快捷菜单中的"羽化"命令，在弹出的"羽化选区"对话框中设置羽化半径值为10，如图6-33所示。单击图层面板下方的"添加图层蒙版"按钮，如图6-34所示。

图6-33　　　　　　　　　　图6-34

04 此时山脉的下半部分被蒙版蒙住，现在需要得到与它相反的区域。蒙版的原理就是一张黑白反相的图像，按【Ctrl】+【I】快捷键对蒙版的颜色进行翻转，即可得到图6-35所示的效果，此时蒙版缩览图的颜色也被翻转。

图6-35

05 首先按【Ctrl】+【J】快捷键复制新的图层，然后按【Ctrl】+【U】快捷键对其进行调色，注意勾选"着色"选项，然后调整色相和饱和度值，目的是让山脉的色调与倒影的色调尽量接近。同时，由于是在复制后的一个新图层上调色,在两张图像交接的位置还保留山脉照片原始的颜色，如图6-36所示。

图6-36

06 继续复制"图层1副本"，得到一个新的"图层1副本2"图层，如图6-37所示。在"图层1副本2"的图层蒙版缩览图上单击鼠标右键，执行快捷菜单中的"删除图层蒙版"命令。此时在画布中显示的效果如图6-38所示，只能看见最上面的经过调色的山脉的图层。现在需要将其中深色的山峰提取出来。

图6-37　　　　　　　　　图6-38

07 使用多边形套索工具创建图6-39所示的选区，将山峰部分大致选择出来。按【Shift】+【F6】快捷键对其进行羽化，数值设置为20，效果如图6-40所示。

图6-39　　　　　　　　　图6-40

08 单击图层面板下方的"添加图层蒙版"按钮，如图6-41所示。当前图层只剩下山峰的图像，但因为上下两个图层叠加到一起了，在画布中感觉不到变化。按【Ctrl】+【T】快捷键，然后对当前图层进行垂直翻转，将山峰放置到水中的倒影中，对其进行适当缩小，如图6-42所示。

图6-41　　　　　　　　　图6-42

09 降低其不透明度，让其自然融合到水中的倒影中，效果如图6-43所示。经过大小和色调等细节的调整得到的最终效果，如图6-44所示。

图6-43　　　　　　　　　图6-44

 打开"每日设计"APP，搜索关键词SP080602，即可观看"实战案例：山脉倒影"的讲解视频。

本章快捷键　　　　【Ctrl】+【I】：翻转蒙版颜色

第 7 章
矢量绘图工具和路径面板

本章主要讲解Photoshop 2022矢量绘图工具，包括矩形工具、圆角矩形工具、椭圆工具、多边形工具、直线工具、自定形状工具以及钢笔工具等。

本章核心知识点：

· 矢量绘图工具
· 图形工具的3种类型
· 钢笔工具
· 路径面板

7.1 知识点储备

7.1.1 矢量绘图工具的使用

矢量绘图工具包括矩形工具、圆角矩形工具、椭圆工具、多边形工具、直线工具和自定形状工具等，如图7-1所示。下面简单介绍它们的基本用法。

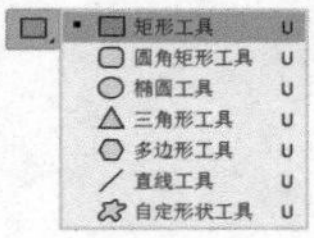

图7-1

1．矩形工具

选择矩形工具，在选项栏中设置它的参数，如图7-2所示。

· 粗细：设置路径粗细。

· 颜色：设置路径颜色。

· 不受约束：绘制任意大小的矩形。

· 方形：比例约束为1∶1。

· 固定大小：可设定固定数值的大小来绘制图形。

· 比例：设定图形的长和宽的比例。

· 从中心：以落点为中心绘制图形。

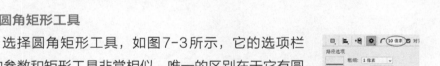

图7-2

2．圆角矩形工具

选择圆角矩形工具，如图7-3所示，它的选项栏中的参数和矩形工具非常相似，唯一的区别在于它有圆角半径的设置。图7-4所示为半径分别是10像素、20像素、30像素的圆角矩形。

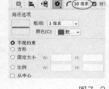

图7-3

图7-4

3．椭圆工具

椭圆工具的选项栏和矩形工具一样。

4．多边形工具

选择多边形工具，如图7-5所示，在它的选项栏中可以设置边数，路径选项中的内容与矩形工具不同。勾选"对称"选项，调整星形比例数值为50%，可得到图7-6所示❶的效果；调整星形比例数值为65%，可得到图7-6所示❷的效果；勾选"平滑星形缩进"选项，调整星形比例数值为80%，可得到图7-6所示❸的效果。

图7-5

图7-6

5. 直线工具

选择直线工具，如图7-7所示，在它的选项栏中可设置线的粗细程度，路径选项中的内容与矩形工具不同。勾选"箭头"下的"起点"和"终点"选项可得到图7-8所示❶的效果，将凹度修改为50%可得到图7-8所示❷的效果，将凹度修改为-50%可得到图7-8所示❸的效果。

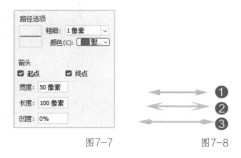

图7-7   图7-8

6. 自定形状工具

选择自定形状工具，如图7-9所示，在它的选项栏中可设置形状的样式。单击面板右上方的齿轮图标可以载入更多的形状。

单击此处可载入更多的形状

图7-9

7.1.2 图形工具的 3 种类型

图形工具提供了3种不同的绘图类型，如图7-10所示，从上到下分别为"形状""路径"和"像素"。

图7-10

①"形状"：是带有图层矢量蒙版的填充图层，绘制的时候会在图层中产生新的图层。

②"路径"：创建的结果不是图层，而是新的工作路径。

③"像素"：使用此项可在背景层或普通层中使用前景色生成像素颜色。

7.1.3 图形的运算

与选区一样，图形也可以进行运算，如图7-11所示，具体可参考本章实战案例"企业logo设计"。

图7-11

7.1.4 用钢笔工具绘制任意形状

使用钢笔工具可以创建精确的直线和平滑流畅的曲线，为绘制工作提供了最佳的控制效果和最大的准确度，同时也加大了学习难度，但只要多加练习，掌握它也不是一件很难的事情。

1. 基本设置

如图7-12所示，钢笔工具一共有6个，需要重点掌握"钢笔工具"和"转换点工具"。另外还有两个选择路径的工具——"路径选择工具"和"直接选择工具"，如图7-13所示。

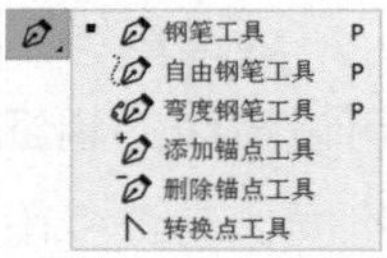

图7-12

钢笔工具有3种不同的绘图类型，如图7-14所示，从上到下分别为"形状""路径"和"像素"。

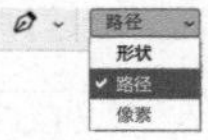

图7-14

2. 用钢笔绘制直线

图7-13

使用钢笔工具绘制的最简单路径是直线。在工具箱中选择钢笔工具，在要开始绘制路径的位置单击确定第一个锚点，移动一个位置再次单击确定第二个锚点，此时得到一个直线路径，同理不断单击增加锚点，最后需要闭合的时候回到第一个锚点上单击。图7-15所示是用钢笔工具绘制的直线路径。

图7-15

3. 用钢笔绘制曲线路径

① 选择工具箱中的钢笔工具。

② 按住鼠标左键并向上拖曳，会生成一个带两个控制柄的锚点，如图7-16所示。如果想保持为90°的角度，则需要同时按住【Shift】键。

> **提示** 单击时按【Shift】键可将线段的角度限制为45°的倍数。

③ 换一个位置按住并拖曳鼠标左键，可得到曲线路径，如图7-17所示。

④ 完成路径有两种方法，结束开放路径和闭合路径。

结束开放路径的方法可以是单击工具箱中的钢笔工具，也可以是按住【Ctrl】键的同时单击路径以外的任何位置。

闭合路径的方法是将钢笔指针放在第一个锚点上，然后单击鼠标左键。

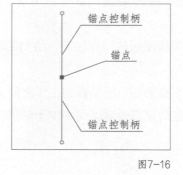

图7-16

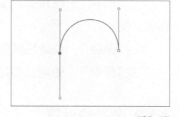

图7-17

7.1.5 路径面板的使用方法

当用钢笔工具画出一条路径后，可以对其随意地编辑修改，如添加或删除锚点、改变曲线的高度和方向，甚至可以把直线变成曲线或把曲线变成直线。

如果已经创建了一个路径，可以将其存储到路径面板中，将其转换为选区边框，用颜色填充或描边路径。另外，还可以将选区转换为路径。由于路径占用的磁盘空间比像素数据小，因此路径可以作为蒙版长期存储。

7.2 实战案例

7.2.1 企业 logo 设计

目标：掌握矢量绘图工具的基本使用。绘制图7-18所示的企业logo。

图7-18

■ 操作步骤 ■

01 新建一个6×6厘米、分辨率为300像素/英寸的RGB文件。

02 执行"视图→显示→网格"命令打开画布的网格显示，然后执行"视图→标尺"命令打开标尺显示，在标尺刻度上单击鼠标右键，在弹出的快捷菜单中将单位设置为"厘米"，如图7-19所示。

图7-19

03 执行"编辑→首选项→参考线、网格和切片"命令，将网格线间隔设置为2厘米，将子网格设置为4，如图7-20所示。

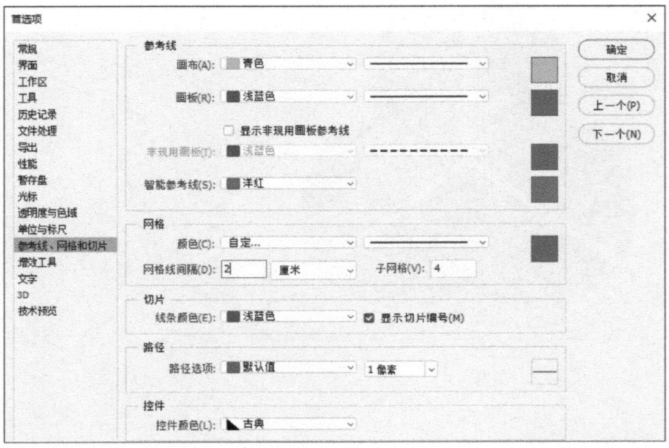

04 使用椭圆工具，在选项栏中将绘图类型设置为"形状"，将比例设置为1:1,确定"从中心"选项被勾选,如图7-21所示。

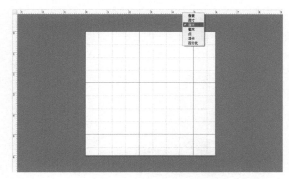

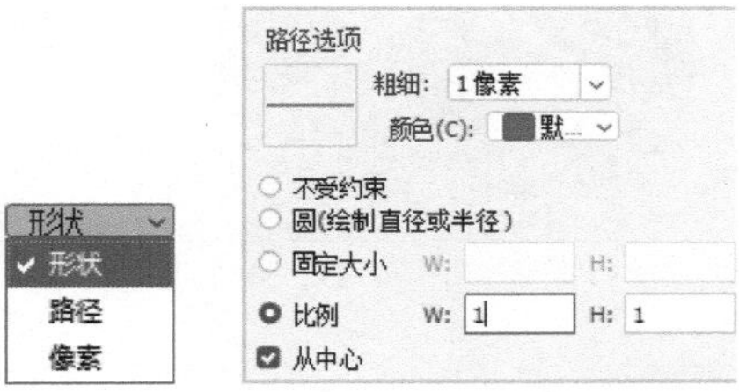

图7-20

图7-21

05 在绘制之前，首先观察企业logo的特点是3个圆形的圆心连接为1个三角形，在图像中利用网格目测找到3个圆心。绘制第一个圆形，同时在图层面板中出现一个"椭圆1"图层，如图7-22所示。

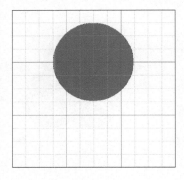

图7-22

06 将绘制的运算方式设置为 🔂，光标右下方会出现一个加号，表示将要在前面图形的基础上继续绘制图形，此时在合适的位置绘制第二个圆形，如图7-23所示。

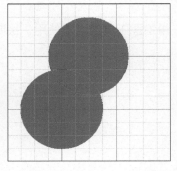

图7-23

07 同理，继续绘制第三个圆形，发现并没有生成新的图层，只是图层缩览图发生了变化，如图7-24所示。

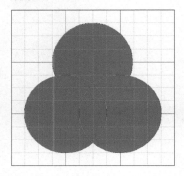

图7-24

08 使用直线工具，在选项栏中将像素宽度设置为15像素，在合适的位置绘制一条直线，然后将运算方式设置为 🔂，如图7-25所示。

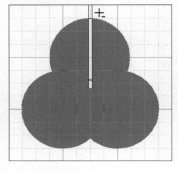

图7-25

09 用同样的方法绘制其他两条直线，效果如图7-26所示。

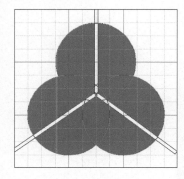

图7-26

10 关闭网格和标尺显示，最终效果如图7-27所示。

图7-27

 打开"每日设计"APP，搜索关键词SP080701，即可观看"实战案例：企业logo设计"的讲解视频。

7.2.2 产品合成案例

目标：掌握图层蒙版、图层样式、钢笔工具、修补工具和仿制图章工具等知识点，将如图7-28所示的素材图合成图7-29所示的商品广告。

图7-28   图7-29

■ **操作步骤**

01 打开花盒子素材图像，将画面调整为竖构图。使用裁剪工具，调整属性比例，选择2：3比例，确认"删除裁剪的像素"为取消勾选状态，如图7-30所示。调整裁剪框的大小，按【Enter】键确认裁剪，如图7-31所示。

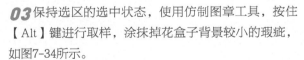

图7-30   图7-31

02 使用矩行选框工具框选上面的空白部分，使用吸管工具吸取背景中的黄色，按【Alt】+【Delete】快捷键进行填充，如图7-32所示。接下来要把过小的产品涂掉，使用钢笔工具将花盒子上方的瓶子区域选出来，按【Ctrl】+【Enter】快捷键将闭合路径变成选区，使用修补工具向上拖动选区进行取样，将选区内的画面填充上取样的色彩，如图7-33所示。

03 保持选区的选中状态，使用仿制图章工具，按住【Alt】键进行取样，涂抹掉花盒子背景较小的瑕疵，如图7-34所示。

图7-32   图7-33

04 使用仿制图章工具修补花盒子边缘的瑕疵。将画笔硬度设置为100%，不透明度设置为100%，调整画笔大小到和瑕疵的大小一致，按住【Alt】键进行取样，在花盒子边缘瑕疵处单击进行修补。将硬度设置为0%，在修补色块边缘涂抹，让过渡区域更自然，如图7-35所示。

图7-34   图7-35

05 打开饮料瓶素材图，使用钢笔工具勾出饮料瓶，按【Ctrl】+【Enter】快捷键将闭合路径变成选区，新建图层蒙版，再使用仿制图章工具，将穿帮的线修补掉，如图7-36所示。把瓶子复制到花盒子文件中，按【Ctrl】+【T】快捷键进行自由变换，将瓶子放大，再调整瓶子的角度，如图7-37所示。

06 添加曲线调整图层，建立剪切蒙版，让曲线调整图层只在瓶子图层上生效，将曲线向上调整，如图7-38所示。这样就提亮了瓶子的颜色，如图7-39所示。

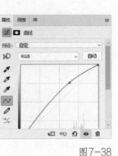

图7-36　　　　　　　　　图7-37　　　　　　　　　图7-38　　　　　　　　　图7-39

07 添加色相/饱和度调整图层，建立剪切蒙版，让色相/饱和度调整图层只在瓶子图层上生效，将饱和度设置为11，如图7-40所示。这样瓶子的饱和度就更高了，如图7-41所示。

08 添加可选颜色调整图层，选择黄色，将青色调整为-7，黄色调整为+13，如图7-42所示。这样整个广告画面的颜色就更加鲜艳了，让食品更有吸引力，如图7-43所示。

图7-40　　　　　　　　　图7-41　　　　　　　　　图7-42　　　　　　　　　图7-43

09 修补饮料瓶底部穿帮细节。先隐藏饮料瓶图层，使用钢笔工具勾出和瓶子交叠的花盒子边缘，按【Ctrl】+【Enter】快捷键将闭合路径变成选区，如图7-44所示，按【Ctrl】+【J】快捷键，复制图层，将复制后的图层移动到瓶子图层上方，最后让瓶子图层显示出来，如图7-45所示。这样饮料的广告就完成了。

图7-44　　　　　　　　　图7-45

 打开"每日设计"APP，搜索关键词SP080702，即可观看"实战案例：产品合成案例"的讲解视频。

第 8 章
通道

本章主要讲解通道的基本原理和操作方法，学习重点是如何使用颜色通道存储颜色和用Alpha通道存储选区。

通道结合"应用图像"和"计算"命令，可以使两张图像产生特殊的合成效果。另外，通道还可以结合滤镜使用。

本章核心知识点：

· 通道的原理

· 通道的基本操作

· 利用通道合成图像特效

8.1 知识点储备

8.1.1 通道的原理

在Photoshop 2022中，通道分为颜色通道、Alpha通道和专色通道，下面讲解它们的用法。

1. 通道和色彩模式的关系

打开图8-1所示的图像，可以看到通道面板上有RGB、红、绿、蓝4个通道。这种通道称为颜色通道，是用来保存图像的颜色数据的。每一种色彩模式都有相应的通道，图像中默认的颜色通道数取决于其色彩模式，如RGB色彩模式有4个通道，其中一个是用以查看效果的RGB混合通道，其他则是单独的存储红、绿、蓝信息的通道。

如果是CMYK色彩模式，则有5个通道，其中一个是用以查看效果的CMYK混合通道，其他则是单独的存储青色、洋红、黄色、黑色信息的通道，如图8-2所示。

图8-1　　　　　　　　　　　　　　　　　　　　图8-2

2. 选区和通道的关系

除了颜色通道外，Photoshop 2022还能给图像添加Alpha通道。Alpha通道不同于颜色通道，主要用来存储选区。

3. 专色通道

专色通道主要用于印刷制作。有些图像效果不是普通的CMYK印刷所能达到的，需要添加一些特殊性质的油墨，专色通道主要用来保存这些特殊的油墨信息。每个专色通道是一个单独的印版，以便印刷时对这些特殊油墨进行单独处理。

8.1.2 通道的基本操作

1. 通道面板

通道面板中各按钮和图标的作用如下。

⟲（将通道作为选区载入）按钮：单击该按钮，可将当前通道转为选区，与蒙版一样，黑色表示非选择区，白色表示选择区。

◘（将选区存储为通道）按钮：为了使色彩模式下创建的选区以后可以继续使用，单击该按钮将该选区在通道中保存。

⊞（创建新通道）按钮：创建一个新的 Alpha 通道。

🗑（删除当前通道）按钮：删除当前选择的通道。

2. 新建 Alpha 通道

方法一：在通道面板里单击"创建新通道"按钮可创建新的通道 Alpha 1，如图8-3所示。

方法二：在图像中创建一个选区，然后单击通道面板下部的"将选区存储为通道"按钮，可以看到通道面板中多了一个 Alpha 2 通道，如图8-4所示，椭圆选区就保存在 Alpha 2 通道里面。这样在以后的设计过程中可以随时通过载入 Alpha 2 通道来调用这个选区。

图8-3

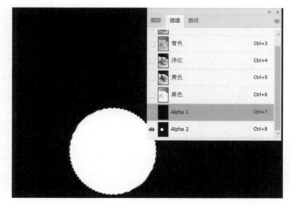

图8-4

提示　保存选区有两种方法：①创建选区后，单击通道面板下部的"将选区存储为通道"按钮，就会自动产生一个通道来保存选区；②执行"选择→存储选区"命令会弹出图8-5所示的"存储选区"对话框，在该对话框中进行相应设置即可。

图8-5

8.1.3 利用通道合成图像特效

1."应用图像"命令

执行"图像"菜单下的"应用图像"命令，弹出图8-6所示的"应用图像"对话框，可在两张彩色图像之间产生自然融合的效果。下面具体说明"应用图像"命令的用法。首先打开一张图像，如图8-7所示。

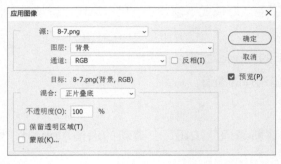 

图8-6　　　　　　　　　　　　　　　　图8-7

① 执行"图像→应用图像"命令，在弹出的"应用图像"对话框中设置混合模式为强光，不透明度为50%，如图8-8所示。

② 单击"确定"按钮即可得到调整之后的效果，如图8-9所示。

图8-8　　　　　　　　　　　　　　　　图8-9

2."计算"命令

选择"图像"菜单下的"计算"命令能使图像的混合通道和Alpha通道之间产生特殊的图像效果，该命令与"应用图像"命令非常类似，不同之处有以下几点。

"计算"命令是对两个源文件进行操作，如图8-10所示；而"应用图像"命令只有一个源文件。

"计算"命令产生的图像效果是黑、白、灰的，而"应用图像"命令产生的图像效果是彩色的。

图8-10

"计算"命令产生的效果为新的通道或文档，而"应用图像"命令产生的效果在图层上。图8-11所示是执行"计算"命令产生的效果。

"计算"命令和"应用图像"命令也有相同的地方，即进行计算的两张原图像的文件大小必须一样，否则无法进行计算。

图8-11

8.2 实战案例：利用通道抠图

目标：借助通道进行抠图，将"水母"和"小狗"两张图像合成为一张新的图像；通过案例理解Alpha通道的原理。

■ 操作步骤 ■

01 打开图像文件"水母"，复制"红"通道，得到一个"红 拷贝"通道，如图8-12所示。通道效果如图8-13所示。"红 拷贝"通道是一个颜色通道，自动叠加一个Alpha通道。

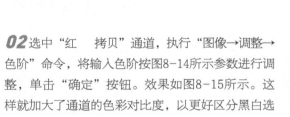

图8-12

图8-13

02 选中"红 拷贝"通道，执行"图像→调整→色阶"命令，将输入色阶按图8-14所示参数进行调整，单击"确定"按钮。效果如图8-15所示。这样就加大了通道的色彩对比度，以更好区分黑白选区，方便接下来进行抠图。

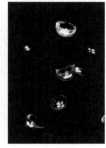

图8-14

图8-15

03 再次选中"红 拷贝"通道，单击"将通道作为选区载入"按钮，将通道转为选区。由于黑色部位为非选择区，白色部分为选择区，水母作为白色部分就被选中了，如图8-16所示。单击"RGB"复合通道，让颜色显示出来，然后切换到图层界面，单击"添加矢量蒙版"按钮，为"红 拷贝"通道添加蒙版。可以看到，水母被抠选出来了，如图8-17所示。

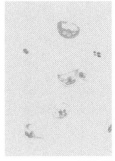

图8-16

图8-17

04 打开图像文件"小狗",将被抠出来的水母直接拖曳进来,如图8-18所示。打开图像文件"小狗"的图层界面,复制"图层1",得到一个"图层1拷贝",如图8-19所示。

图8-18   图8-19

05 将拷贝的水母拖曳到小狗右边合适的位置,使图片看起来更和谐,如图8-20所示。单击图层界面下方的"创建新的填充或调整图层"按钮,在弹出的选项菜单中选择"曲线",如图8-21所示,调整图像的色调。

图8-20   图8-21

06 在曲线属性面板中选择"蓝"通道,对画面中的所有蓝色进行调整,设置曲线的输入值和输出值分别为126、163,如图8-22所示。这样图像的整体色调就偏冷了,最终效果如图8-23所示。

图8-22   图8-23

打开"每日设计"APP,搜索关键词SP080801,即可观看"实战案例:利用通道抠图"的讲解视频。

第 9 章
滤镜、动作和批处理

本章主要讲解Photoshop 2022内置滤镜与外挂滤镜的基本使用方法和技巧。

本章核心知识点：

· 模糊系列滤镜

· 杂色滤镜

· 动作面板

9.1 知识点储备

9.1.1 认识滤镜

滤镜在Photoshop 2022中主要用来生成图像的各种特殊效果，其中大部分命令非常简单易学。

滤镜命令虽然有很多，且功能各不相同，但是所有滤镜都有以下几个特点，了解它们能更加有效地使用滤镜功能。

① Photoshop 2022任何时候都是针对一定的选择范围进行操作，如果没有定义选择范围，则被认为是对全部图像进行操作。如果选择的是一个图层或通道，则只对当前图层或通道起作用。

② 有些滤镜效果使用时比较占内存，为了提高工作效率，可以进行以下操作。

· 对图像的一小部分试用滤镜。

· 单独对某个图像通道（例如CMYK通道）应用滤镜效果。

· 在低分辨率的图像上试用，记录下所用的滤镜参数，然后对高分辨率的图像进行应用。

· 在运行滤镜前执行"编辑→清除"命令释放内存。

· 执行完一个滤镜命令后，按【Ctrl】+【Alt】+【F】快捷键，以重复执行上一次滤镜命令。

③ 执行"编辑→渐隐"命令，弹出图9-1所示的对话框，该命令用于将执行滤镜后的效果与原图像进行混合，在混合的时候通过设置模式和不透明度来控制其效果。

打开图9-2所示的图像，对其执行"滤镜→模糊→动感模糊"命令，效果如图9-3所示。

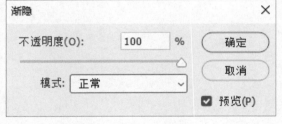

图9-1

图9-2

图9-3

再执行"编辑→渐隐动感模糊"命令，弹出图9-4所示的对话框，设置模式为"变亮"，不透明度为76%，效果如图9-4所示。

执行滤镜命令通常会花费非常多的时间，所以几乎所有的滤镜命令对话框都会提供预览图像效果的功能，从而节省了大量的宝贵时间，提高了工作效率。

对文本图层和形状图层执行滤镜命令时，会提示先转换成为普通层，然后才可以进行滤镜操作。

图9-4

9.1.2 滤镜命令

Photoshop 2022的滤镜通常归为两大类：校正性滤镜和破坏性滤镜。

校正性滤镜是一组常用工具，主要用于修改扫描图像以及为打印和显示准备图像。校正性滤镜主要有模糊、杂色、锐化滤镜等。

破坏性滤镜会产生强烈变化的结果，如果使用不当，就会破坏整个作品，使作品变得面目全非。破坏性滤镜主要有扭曲、像素化、渲染和风格化滤镜等。在破坏性滤镜中，有一类特殊的滤镜就是效果滤镜，这类滤镜主要是为图像添加绘画和素描的效果，用得相对较少。效果滤镜主要有艺术化、画笔描边、素描和纹理几大类。此外，Photoshop 2022还支持其他公司制作的第三方滤镜，第三方滤镜安装后会显示在"滤镜"菜单的底部。

1. 模糊系列滤镜

模糊系列滤镜可以使图像变得朦胧一些，模糊效果会降低图像的清晰度，减弱局部细节的对比度，从而使图像变得更加柔和。除了基本功能之外，它还可以制作出具有方向性、速度感的模糊效果，就如同物体移动时的残影。执行"编辑→渐隐动感模糊"命令，其中包括11个滤镜，经常使用的有以下6个。

模糊：创建轻微模糊的效果，这种效果可以减少对比度，消除颜色过渡中的噪点。

加强模糊：效果为模糊的3~4倍。

高斯模糊：这个滤镜可以在对话框中设定半径值来控制模糊程度，高斯模糊是一个用得比较多的滤镜。

动态模糊：用来产生高速运动时的模糊效果，它允许用户控制模糊的方向和模糊的强度。

径向模糊：它可以使图像旋转成圆形，或使图像从中心辐射出去。

特殊模糊：模糊图像的低对比度部分而保持边缘不变。

径向模糊对话框如图9-5所示。其中"数量"用来控制模糊的强度。"模糊方法"为模糊的方式，有两个选项："旋转"和"缩放"。"品质"有3个选项："最好"可产生最光滑的模糊效果；"草图"执行速度最快，但却有颗粒；"好"的品质介于"最好"和"草图"之间。执行"径向模糊"命令的图像效果如图9-5所示。

图9-5

使用特殊模糊滤镜，根据模式的不同，可以产生多种模糊效果，如将图像中的褶皱模糊掉，或将重叠的边缘模糊掉；根据选项（选择边缘优先模式），还可以将彩色图像变成边界为白色的黑白图像。在"特殊模糊"对话框中，"半径"用来控制模糊效果的距离；"阈值"用来规定两相邻像素的差别多大时才认为是图像的边缘；"品质"用来控制边缘的平滑度，若选择"高"，则品质最高，但速度最慢；"模式"用来选择模糊的模式，选择"边缘优先"，则会使图像的边缘变白，其他部分变黑，"叠加边缘"对图像和边缘都有效果，如图9-6所示。

图9-6

2. 杂色滤镜

杂色滤镜除了可以为图像增加杂色之外，还可以去除扫描图像上的噪点和灰尘。

> **提示**　使用扫描仪得到的印刷图像有很明显的交错四色网点，必须执行多次去除斑点操作，才能将网点去除。

添加杂色用于在图像上添加随机的有色像素。打开图9-7所示照片，"添加杂色"对话框如图9-8所示。其中"数量"用来控制噪点数；"分布"用来控制噪点的分布，包括"均匀分布"和"高斯分布"两个选项；"单色"则可使噪点只影响原有像素的亮度。

> **提示**　为照片添加噪点可以模仿传统胶片的颗粒效果。

"蒙尘与划痕"对话框如图9-9所示。其中"半径"用来定义清除的半径，半径值越大，则图像变得越模糊；"阈值"用来决定噪点与周围像素之间的差异，阈值越大，差异越明显。

使用这个滤镜时，要尽量保持半径和阈值之间的平衡，使图像既可以清除缺陷，又可以保持清晰。

图9-7　　　　　　　　　　　　　图9-8　　　　　　　　　　　　　图9-9

3．锐化滤镜

锐化滤镜的作用是通过增加相邻像素的反差来使图像变得更清晰。

常用的4个锐化滤镜可以产生更大的对比度，使图像变得清晰。一般来说，可通过执行"图像→图像大小"命令缩小图像，执行"编辑→自由变化"命令扭曲图像，或执行"编辑→变换"中的命令扭曲图像，然后使用这些滤镜使图像变得更清晰。

锐化：通过增加相邻元素的对比度来达到锐化的效果。

锐化边缘：该滤镜只是锐化图像的边缘；在这里，图像的边缘是指具有强烈对比度的区域。

加强锐化：产生比锐化滤镜更强的锐化效果。

USM锐化：该滤镜是锐化滤镜组里面最常用也是最实用的一个命令；通常情况下，使用数码相机拍摄的照片都会有轻微的模糊，可以用这个命令将其锐化，图9-10所示是照片原图，图9-11所示是锐化后效果。

图9-10　　　　　　　　　　　　　　　　　　　　　　　　　　　　图9-11

4．艺术效果滤镜

艺术效果滤镜主要用来表现不同的绘画效果，通过模拟绘画时使用的不同技法，以得到各种精美艺术品的特殊效果。图9-12所示是其中的几种效果。

图9-12

> **提示**　艺术效果滤镜必须在RGB色彩模式下才可使用。

5. 笔触效果滤镜

笔触效果滤镜能够将图像处理成笔触感极强的绘画艺术效果。下面我们就来试一试，将一幅摄影作品变成一幅漂亮的油画！图9-13所示是其中的几种效果。

图9-13

6. 扭曲滤镜

扭曲滤镜可以让图像产生扭曲、变形的效果，图9-14所示是它的几种效果。

海洋波纹效果　　　　　扩散亮光效果　　　　　玻璃效果

图9-14

7. 像素化滤镜

像素化滤镜的作用是将图像以其他形状的元素重现出来，这种手法类似于色彩构成中的色彩归纳。

8. 渲染滤镜

渲染滤镜可以在图像上加入一些光影变化，如自然界的云彩效果和人工的聚光照明效果。

9. 素描滤镜

素描滤镜可以创作出各种精美的手绘效果，并且赋予图像不同的表面质感。素描滤镜以前景色和背景色来渲染图像效果，所以处理后的图像往往以单色画面出现。

10. 风格化滤镜

风格化滤镜可以使图像中具有高对比的像素更加突出，产生强烈的凹凸感或边缘效果。

11. 纹理滤镜

纹理滤镜可以为图像加上材质、纹理，从而使对象产生质感上的变化。

12. 扭曲变形滤镜

扭曲变形滤镜可以使图像产生变形效果，例如波纹、旋转、扭曲等。

扩散亮光：可散射图像上的高光，生成一种发光效果，扩散的效果与前景色和背景色有关，如图9-15所示。

图9-15

置换：可以弯曲、粉碎和扭曲图像，不过对其效果却很难预测；使用该滤镜需要有两个文件才能执行，且该滤镜在执行时，首先要打开一个文件作为置换图，然后根据置换图的像素颜色值对图像进行变形。

玻璃：可以产生透过玻璃观察图像的效果。

海洋波纹：用来扭曲图像，使之看起来像起伏的海浪，其效果与玻璃滤镜产生的效果相似。

挤压：主要用来向内或向外挤压图像。

坐标转换：能将图像的坐标从直角坐标转换为极坐标或从极坐标转换为直角坐标。

涟漪：可以创建水波涟漪的效果。

切变：通过建立的曲线来弯曲图像。

球面：可以将选区转化成球形。

旋涡：可以创建旋转的风轮效果，旋转中心就是物体或选区的中心。

13. 液化（精确的扭曲变形命令）

Photoshop的"液化"命令可对图像进行任意的变形，是一个非常有趣的命令。变形包括旋转扭曲、收缩、膨胀、映射等。我们可以轻松地利用它改变一个人的脸形、身材，做出哈哈镜的效果等。可以说在特异变形上，它是无所不能的。

执行"滤镜→液化"命令，打开图9-16所示的"液化"对话框。

图9-16

使用该对话框中左边的一系列工具可对图像进行变形。

向前变形工具。此工具用于向前推动图像的像素。

重建工具。重建工具是对已经完成的液化变形操作进行反向恢复的工具。使用该工具在变形的区域单击鼠标左键或拖曳鼠标进行涂抹，可以使变形区域的图像恢复到原始状态。

它相当于历史记录画笔工具，起局部恢复的作用。

平滑工具。可平滑地涂抹像素，创建波纹、云彩等效果。

顺时针旋转工具。在按住鼠标左键并拖曳时可顺时针旋转像素；如要逆时针旋转像素，则在按住鼠标左键并拖曳的同时按住【Alt】键。

褶皱工具。使用该工具时按住鼠标左键并拖曳可以使像素朝着画笔区域的中心移动，这种现象就是吸取。在进行人像修饰时，使用褶皱工具可以快速将国字脸变为瓜子脸。

膨胀工具。使用该工具时按住鼠标左键并拖曳可以使像素朝着离开画笔区域中心的方向移动。膨胀工具常被用于修饰人像的嘴唇。

左推工具。当垂直向上拖曳该工具时，像素向左移动；当从左向右以水平方向拖曳该工具时，像素向上移动。使用该工具可绘制类似照哈哈镜的效果。

冻结蒙版工具。使用冻结蒙版工具在预览窗口绘制出冻结区域，在调整时，冻结区域内的图像不会受到变形工具的影响。

解冻蒙版工具。使用解冻蒙版工具涂抹冻结区域能够解除该区域的冻结。

脸部工具。脸部工具可以智能识别人脸，而且可以识别多张脸，并能够识别五官，用户可以像调整图像大小一样简单地调整脸部图像。

抓手工具。放大图像的显示比例后，可使用抓手工具移动图像，以观察图像的不同区域。

缩放工具。使用缩放工具时在预览区域中单击可放大图像的显示比例；按住【Alt】键并在预览区域中单击，则会缩小图像的显示比例。

9.1.3 动作面板

在实际工作中，我们有时候会遇到大量的图像需要进行相同处理的情况。这时如果一个一个处理会非常麻烦。针对这种机械、重复的操作过程，我们可以在Photoshop中通过动作面板将操作的步骤录制为一个动作，然后再次打开需要进行相同处理的图像，只需要执行这个动作就可以快速生成想要的效果。

图9-17

1. 动作面板结构

执行"窗口→动作"命令打开动作面板，如图9-17所示，在该面板中提供了许多图像效果的动作集。

A 处的 📁 图标表示一个动作集合。单击图标左边的小三角形可打开其中的具体动作。

B 处为切换项目按钮。如果序列前被打上 ✔ 并呈黑色显示，表示该动作系列（包括所有的动作和序列）都可以执行；如果有 ✔ 并呈红色显示，则表示该动作系列的部分动作和序列不可以执行。

C处为切换对话框按钮。当该按钮中出现  图标时，表示在执行该动作过程中，会在参数对话框中暂停，可重新设置相关参数，单击"确定"按钮后才能够继续执行；如果没有显示 ⊟ 图标，则表示会按默认的动作参数设置逐步往下进行；如果该图标显示为红色，则表示只有部分动作或命令设置成暂停操作。

有些动作名称的右边会显示一个括号，D处动作的右边如果写有"文字"字样，表示当前动作是针对文字图层进行设计的，所以最好使用在文字图层上。针对这种情况，有时候需要提示操作人员相关的信息，可通过插入一个停止操作来实现。

2. 动作的基本操作

除了上面讲解的应用Photoshop自带的动作和别人设计的动作外，用户还可以自己创建动作。

打开动作面板，单击"创建新动作"按钮 ⊞，打开"新建动作"对话框，如图9-18所示。在该对话框中输入新建动作的名称，一般以动作的最终效果命名，如"油画布效果"。单击"记录"按钮，观看动作面板，就会发现里面多了个动作——"油画布效果"，

图9-18

而面板下面的"开始记录"按钮 ● 变成了红色，表示正在录制，如图9-19所示。然后对图像进行一系列操作，我们会发现动作面板将操作步骤记录下来了，如图9-20所示。

图9-19

图9-20

当所有动作都录制完毕以后，单击"停止播放/记录"按钮 ■ 完成一次动作录制过程。

打开需要制作油画布效果的图像文件，在动作面板中选择"油画布效果"动作，单击面板菜单下的"播放选定的动作"按钮 ▶，就可以执行该动作。打开的图像自动执行"油画布效果"动作中的一系列步骤生成最终的效果。

9.1.4 批处理

"批处理"命令可以对多个图像文件执行同一个操作，通常是指定一个文件夹中的所有图像文件进行批量处理，从而极大地提高了工作效率。

执行"文件→自动→批处理"命令，打开"批处理"对话框，如图9-21所示。

勾选"包含所有子文件夹"复选框，可使目的文件夹的所有子文件夹中的图像也能够执行当前动作。

勾选"禁止颜色配置文件警告"复选框，可避免弹出"颜色配置警告"对话框。

图9-21

9.2 实战案例：给图像添加光晕效果

目标：给图9-22中左边的图像添加光晕滤镜，使其变成右边的效果。本案例应主要掌握滤镜的使用方法。

图9-22

■ 操作步骤

01 打开图9-23所示的原始素材图像。

02 给图像添加镜头光晕滤镜，如图9-24所示，模拟相机镜头产生的折射光晕的效果。

图9-23

图9-24

03 将镜头亮度设置为120，在"镜头类型"中选中"50-300毫米聚焦"，把光源调到画面中有天空的区域，如图9-25所示，这样就实现了浪漫梦幻的效果。

图9-25

打开"每日设计"APP，搜索关键词SP080901，即可观看"实战案例：给图像添加光晕效果"的讲解视频。

本章快捷键	【Ctrl】+【Alt】+【F】：重复执行上一次的滤镜命令

设计实战篇

第 10 章
Web 设计

随着时代的发展，互联网得到了大规模的推广和应用，互联网设计也越来越受到人们的重视。使用Photoshop 2022可以完成互联网设计中的很多工作，如网页设计、APP设计等。

本章核心知识点：
· Web 行业知识
· Web 设计规范

10.1 Web行业知识

在使用Photoshop 完成这些工作之前，首先需要了解工作的规范和流程，了解这些知识可以让工作事半功倍。这一节先来讲解一些Web 行业知识。

10.1.1 Web 工作流程

在实际工作中，Web设计不是一个孤立的工作，它需要多方面的配合。因此，在进行设计之前，设计师需要了解产品的定位、用户的需求等，不能盲目地去做设计，还要多与产品经理和开发人员等沟通。

Web 工作流程包括产品分析、原型设计、网页设计、前端后端和产品上线5个环节，如图10-1 所示。对设计师而言，虽然自己主要负责的只是其中一个环节，但是也需要了解每一个环节的具体工作和作用，才能更好地融入团队协作之中。

图10-1

1. 产品分析

产品分析包括产品适用人群的需求分析、产品的易用性和可用性分析、用户的使用行为分析等。这个环节将确定产品的定位、目标受众等。

2. 原型设计

完成产品分析并得到需求文档以后就进入原型设计环节，在这一环节，产品经理将绘制产品的原型图，然后与设计师沟通。在进入网页设计环节前，两者就产品的初步形态需达成一致意见。

3. 网页设计

在这个环节，设计师需要根据原型图确定的框架完成网页设计，这里的网页设计指的是网页的视觉设计。网页设计完成后，设计师需要提交设计的视觉稿。

视觉稿通过以后，设计师还需要总结设计规范，如字体大小、图像尺寸、按钮样式等。因为一个项目中可能不止一位设计师，总结设计规范可以保证在同一个项目中不同的设计师都能输出一样的设计风格。

设计师还需要根据前端工程师的需要进行切图标注，有时这项工作也由前端工程师负责。

4. 前端后端

这个环节由研发工程师来负责产品的最终实现，用代码重构设计师设计的页面。

在网页正式上线前，还需要设计师进行检查，确定网页的还原度是否有问题。如果网页与设计稿有差别，还需要前端工程师进行调整。

这个环节的工作还包括产品的错误排查、多平台适配、兼容性测试等。

5. 产品上线

错误排查结束后，产品就可以正式上线了。产品上线后还需要运营，即对已有产品的优化和推广。这个环节的工作主要包括内容建设、用户维护和活动策划。

10.1.2 Photoshop 在 Web 设计中的作用

使用Photoshop 可以轻松完成网页设计的工作，如网页的排版布局，矩形、圆角矩形等图形的绘制，以及制作各种视觉效果、处理图像等。图10-2 至图10-5 所示的网页设计效果均可以使用Photoshop 完成。因此Photoshop 是网页设计师必须掌握的软件之一。

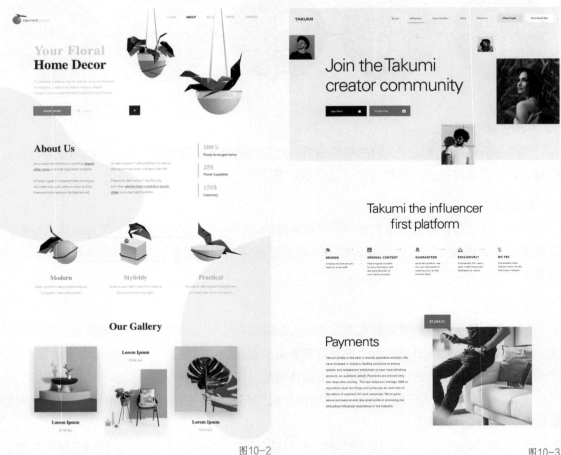

图10-2

图10-3

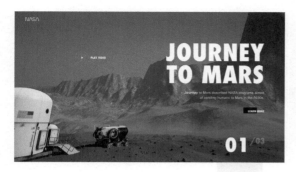

图10-4

图10-5

10.2 Web设计规范

在进行Web 设计时，需要遵循一定的设计规范。了解Web 设计的规范可以帮助设计新人更好地把握工作的要点，减少失误。本节将讲解Web 设计的常用规范。需要注意的是，不同的公司、不同的项目会有不同的设计规范，在完成实际项目时应遵循该项目的具体设计规范。

10.2.1 尺寸与分辨率

在Photoshop 的"新建文档"对话框中有常见的几种网页尺寸预设供选择，如网页－最常见尺寸（1366x768 像素）、网页－ 大尺寸（1920x1080 像素）、网页－ 最小尺寸（1024x768 像素）、MacBook Pro13（2560x1600 像素）、MacBook Pro15（2880x1800 像素）、iMac 27（2560x1440 像素）等，如图10-6 所示。

尺寸设置涉及各种屏幕适配的问题，在实际工作中需要与前端开发人员沟通具体细节。

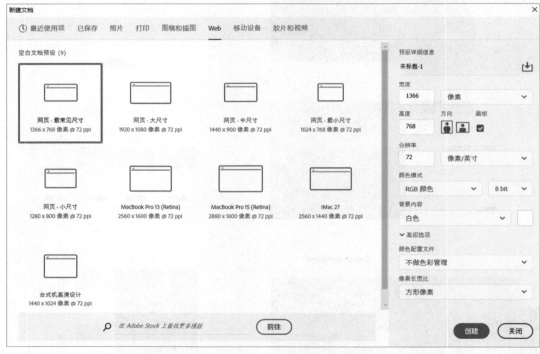

图10-6

需要注意的是，网页设计的区域并不会占满整个画布。

以1920×1080 像素的网页为例，在设计网页首屏时，网站的宽度为1920 像素，高度约为900 像素，因为需要从1080像素的高度中减去浏览器头部和底部的高度。为了避免内容显示不全，1920像素的宽度也不建议占满。所以建议在宽度为1400/1200/1000 像素、高度约为900 像素的内容安全区域进行设计，如图10-7所示。

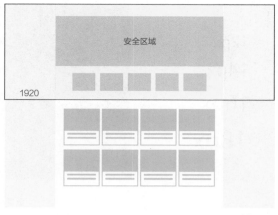

图10-7

10.2.2 文字规范

在Web 设计中使用文字也需要遵循一定的规范。

1. 字体选择

出于易读性的考虑，网页的字体一般使用非衬线字体。中文网页推荐使用苹方或微软雅黑字体，英文网页则推荐使用Arial 字体。

2. 字体大小

在字体大小方面，常用的字体大小为12 像素、14 像素、16 像素和18 像素，如图10-8所示。12 像素是适用于网页的最小字号，适用于注释性内容；14 像素则适用于普通正文内容；16 像素或18 像素适用于突出性的标题内容。

网站的字体大小并没有硬性规定，具体的字号可以根据实际情况酌情考虑，但是要使用偶数字号。

在一个网页中，字体的种类不需要太多，最多使用3 种字体进行混搭。如果需要通过字体来表现更多信息层级，可以改变字体颜色或选择加粗字体来体现。

3. 文字颜色

主文字的颜色，建议使用品牌的VI 颜色，这样做可提高网站与品牌之间的关联，增加可辨识性和记忆性。

正文字体的颜色，应选用易读性的深灰色，如#333333、#666666 等；辅助性的注释类文字，则可以选用#999999 等比较浅的颜色，如图10-9 所示。

4. 字间距、行间距和段间距

字间距使用默认数值即可。行间距一般为字号大小的1.5 ~2 倍。以14 像素的正文字号为例，行间距一般设置为21~28 像素。段间距一般为字号的2~2.5 倍。以14 像素的正文字号为例，段间距一般设置为28~35 像素。

微软雅黑　　12px	#333333
微软雅黑　　14px	#666666
微软雅黑　　16px	#999999
微软雅黑　　18px	

图10-8　　　　　　　　　　　　　　　　　　　　　图10-9

10.2.3　图像的选择和处理

网站设计中常用4（宽）：3（高）、16（宽）：9（高）、1：1等比例的图像。具体图像大小没有固定要求，但以整数和偶数为佳。选择图像素材时，尽可能选择尺寸比目标尺寸大的图像，图像处理的空间会更大。

图像的格式有很多，如支持透明的PNG格式、节省空间的JPG格式、支持动画的GIF格式等。

输出网络使用的图像时，在保证图像清晰度的情况下，文件占用空间越小越好。

那么如何输出较小的图像呢？

在Photoshop中，使用"文件→导出→存储为Web所用格式"命令，如图10-10所示，可以压缩图像的多余像素，会比普通存储格式的图像小。

注意：在输出PNG格式的图像时，要选择"PNG-24"格式，不要选择"PNG-8"格式，因为"PNG-8"格式导出的图像质量较差，清晰度较低。

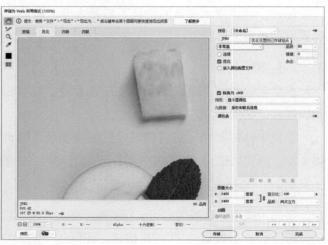

图10-10

10.2.4 栅格

栅格也被称为网格。在网页设计中常用12栅格，如图10-11所示，它便于对网页进行2等分、3 等分、4 等分，从而适应大多数的网页布局。每个栅格包含列和水槽，列承载内容，水槽不能填充内容。栅格中的列越多，灵活性越大，相应的，复杂度越高，所以并不是列越多越好。

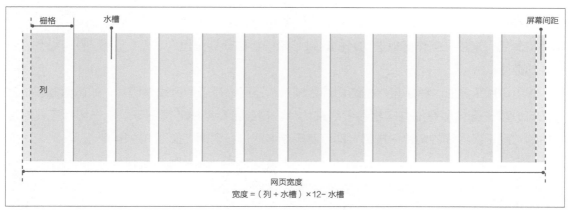

图10-11

栅格系统能大大提高网页的规范性，使网页看起来更有秩序感。在栅格系统下，页面中所有组件的尺寸都是有规律的。另外，基于栅格进行设计，可以让整个网站各个页面的布局保持一致。这能增加页面的相似度，提升用户体验。

设计中很多时候需要将多个栅格合并，从而形成一个组合区域来使用，组合区域内的水槽可以承载信息。图10-12 所示为一种栅格合并使用的方式，左边6 个栅格形成一个组合，右边的6 个栅格每两个形成一个组合。

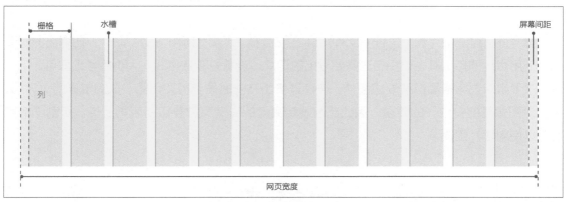

图10-12

10.2.5 切图

切图工作有时候由设计师负责，有时候由前端工程师负责，因此需要根据不同公司的具体情况来进行沟通协调。

设计师需要了解一些切图的基本知识。在网页设计中，能够直接导出图像的元素，不需要切图，如带透明的元素可以直接导出PNG格式的图像。而前端工程师可以简单制作的图片或图形，也不需要切图，如纯色的底图，在提交设计规范时标注颜色数值即可。还有像一些简单的按钮，前端工程师也能直接用代码实现。因为切图工作与前端开发工作密切相关，所以设计师需要与前端人员多多沟通，互相协作。

Photoshop 中的切片工具可以辅助切图工作。切片工具位于工具箱中，如图10-13 所示。切片工具的使用方法是，选中切片工具后，直接在工作区框选切片的区域，系统将自动划分出切片的范围。

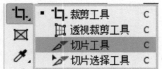

图10-13

使用切片工具时，除了直接框选切片区域外，还可以基于参考线来切片，如微博九宫格宣传图可以基于图像原有的九宫格参考线来切片。在显示参考线的情况下，单击切片工具属性栏中的"基于参考线的切片"按钮，即可基于参考线进行切图，如图10-14 所示。

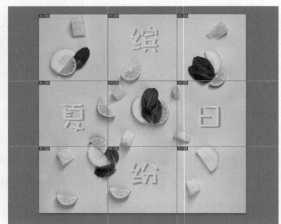

图10-14

如何导出这些切片呢？执行"文件→导出→ 存储为Web 所用格式"命令，在弹出的对话框中使用切片选择工具，选择自己需要导出的切片，设置好图像格式、大小后导出即可。

除了微博九宫格图像需要切图外，电商详情页有的时候也需要切图。以淘宝详情页为例，平台对图像高度有统一的要求，因此超出规定高度的详情页需要切割后再上传。切割详情页也可以使用切片工具。

10.3 实战案例：宠物的家网页设计

目标设计

· 网页设计流程

· 网页设计思路

· 技术实现（Photoshop综合运用）

网页设计要点

在网页设计作品的制作过程中，需要根据Web 设计规范进行文档的设置、栅格的设置，还需要运用横排文字工具创建文本，运用图层样式给网页按钮增添质感等。

技术实现

下面将使用Photoshop 2022 来完成宠物的家网页设计视觉效果。

01 新建一个1920×750像素的文件，将分辨率设置为200像素/厘米，如图10-15所示。

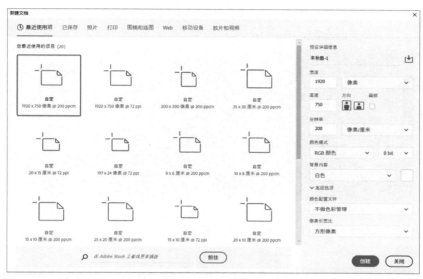

图10-15

02 执行"视图→新建参考线版面"命令来设置栅格，参考线版面的参数设置如图10-16所示。参考线在画布上的效果如图10-17所示。设置好参考线后就可以进行网页设计了。同时，也可以执行"视图→锁定参考线"命令，将参考线锁定，防止参考线在之后的操作中被移动。

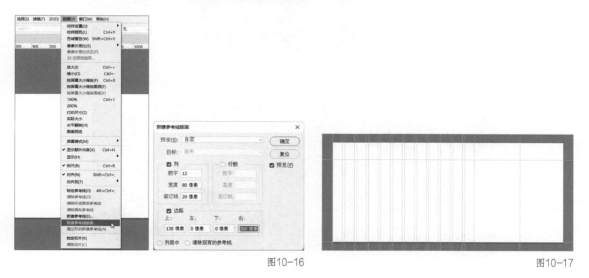

图10-16   图10-17

03 将宠物的素材图像拖曳到画布上，调整图像的大小和位置，效果如图10-18所示。

图10-18

04 吸取素材图像中背景的红色，将背景图层填充为该颜色，再将背景图层和宠物图层合并，用修补工具修补不自然的地方，修补后的效果如图10-19所示。

图10-19

05 为了区分导航栏，用矩形选区工具选中导航栏所在的区域，用油漆桶工具填充色值为d5534b的粉色，效果如图10-20所示。

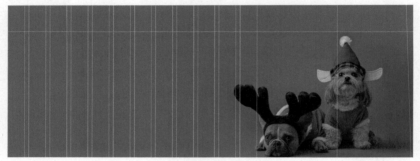

图10-20

06 将logo素材拖曳到画布上，调整logo的大小，并将其放置在导航栏的左上角，效果如图10-21所示。

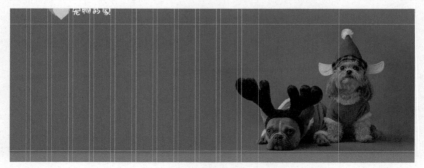

图10-21

07 使用横排文字工具创建导航栏中的选项，同时在"主页"文字上方增加一个矩形来表示当前显示的页面为主页，效果及参数如图10-22所示。

图10-22

08 使用横排文字工具在宠物图像的左侧添加主文字。主文字体现网页的主要作用，需要非常醒目，效果及参数如图10-23所示。

图10-23

09 副文字是对主文字的详细补充。将副文字和主文字左对齐，同时，由于副文字内容较多，在段落面板中将其设置为两端对齐且最后一行左对齐，使文字排版看上去更加整齐，效果及参数如图10-24所示。

图10-24

10 使用矩形工具绘制宽度为397像素、高度为85像素、圆角半径为200像素的矩形，作为页面跳转按钮的背景。绘制完成后将其描边设置为无，颜色的色值设置为efe149。为了提升按钮的立体感和空间感，双击按钮图层，给其添加渐变叠加和投影图层样式，样式参数设置如图10-25所示，最后的效果如图10-26所示。

图10-25

127

图10-26

11 按钮背景制作好后，使用横排文字工具添加按钮上的文字，效果及参数如图10-27所示。执行"视图→清除参考线"命令，就能看到宠物的家网页设计最终的视觉效果了，如图10-28所示。

图10-27

图10-28

 打开"每日设计"APP，搜索关键词SP081001，即可观看"实战案例：宠物的家网页设计"的讲解视频。

第 11 章
书籍封面设计

封面设计是书籍设计的重要组成部分。封面是书籍的门面，它通过图像设计的形式来反映书籍的内容。在书店或网络售书平台琳琅满目的书籍中，书籍的封面就像一个无声的推销员，它对人们的吸引力在一定程度上将会直接影响人们的购买欲。

本章核心知识点：
· 封面设计简介
· 封面设计分类

11.1 封面设计简介

图形、色彩和文字是封面设计的三要素。设计者根据书籍的不同性质、用途和读者对象，把这三要素有机地结合起来，从而表现出书籍的丰富内涵，以传递信息为目的，将美感呈现给读者，如图11-1所示。

图11-1

当然封面设计还可以只侧重于运用某一要素，如以文字为主体的封面设计，如图11-2所示。

此时，设计者不能随意地将一些文字堆砌于封面上，因为堆砌文字只能按部就班地传达信息，并不能给人以艺术享受。这不但是失败的设计，对读者也是一种不负责任的行为。因此设计封面时必须进行精心的考量，在字体的形式、大小、疏密和编排设计等方面细心安排，使封面在传播信息的同时，给人以一种韵律美的享受。另外，封面字体的设计形式必须与内容以及读者对象相统一。成功的设计应具有情感，如政治题材读物的封面设计应该是严肃的，科技题材读物的封面设计应该是严谨的，少儿题材读物的封面设计应该是活泼的等。

图11-2

好的封面设计在内容安排上繁而不乱，有主有次，层次分明，简而不空，这意味着简单的图形中要有内容。设计者可以增加一些细节来丰富简单的图形，例如在色彩上、印刷上、图形的有机装饰设计上多做些文章，使人感受到一种气氛、意境或者格调。

书籍不是一般商品，而是一种文化产品因此在封面设计中，哪怕是一根线、一行字、一个抽象符号、一两块色彩，都要具有一定的设计思想。一个好的封面既要有内容，又要具有美感，达到雅俗共赏，如图11-3所示。

图11-3

11.2 封面设计分类

1. 儿童类书籍

　　此类书籍封面形式较为活泼，在设计时多采用儿童插画作为主要图形，再配以活泼稚拙的文字，如图11-4所示。

图11-4

2. 画册类书籍

　　画册的开本一般接近正方形，常用12开、24开等，便于安排图形。此类书籍封面常用的设计手法是选用画册中具有代表性的图画再配上文字，如图11-5所示。

图11-5

3. 文化类书籍

　　文化类书籍较为庄重，在设计时，多采用内文中的重要图片作为封面的主要图形；文字的字体也较为庄重，多用黑体或宋体；整体色彩的纯度和明度较低，视觉效果沉稳，以反映深厚的文化特色，如图11-6所示。

图11-6

4. 丛书类书籍

　　整套丛书封面的设计手法一致，每册书根据介绍的内容不同更换书名和主要图形。这一般是成套书籍封面的常用设计手法，如图11-7所示。

图11-7

5. 工具类书籍

此类书籍一般比较厚，而且读者会经常使用它，因此在设计时，为防止磨损多采用硬书皮；封面图文设计较为严谨、工整，有较强的秩序感，如图11-8所示。

图11-8

11.3 实战案例：《Adobe After Effects 国际认证培训教材》封面设计

目标设计

· 封面设计流程

· 封面结构

· 技术实现（Photoshop综合运用）

《Adobe After Effects 国际认证培训教材》封面设计要点

1. 封面设计流程

封面设计的流程主要包括以下4个环节。

① 确定封面的开本尺寸。书籍的开本一般依据书籍的不同种类和性质而定。开本就是书籍的尺寸，也就是书的面积。只有确定了开本的尺寸，设计者才能根据设计的意图确定版心尺寸，进而进行版面、插图和封面等的整体设计构思。不同的开本有着不同的审美情趣，因此开本的设计要考虑以下3个因素。

· 书籍的性质和内容。开本的高、宽比例决定了书籍的性质。

· 读者对象和书的价格。

· 书稿的篇幅。

本案例是影视后期软件培训教材类书籍，选择的是16开的开本尺寸，尺寸为宽度（W）×高度（H）=185毫米×260毫米。

② 构思设计的风格。由于本案例是为软件类书籍设计封面，技术性较强，所以采用更简约的设计风格——以与软件相关的符号为基础进行设计，配色选择和软件图标相近的色系。

③ 准备和搜集素材。

④ 具体的设计制作。在进行排版的时候，一般遵循四大原则——对比、重复、对齐和亲密性。通过本案例的学习，读者可以熟悉这四大原则在排版中是如何体现的。

2. 封面结构

封面一般分为封面、封底、书脊等部分，如图11-9所示。

图11-9

技术实现

下面我们使用Photoshop 2022开始具体的设计制作过程，请读者在这个过程中体会封面设计的特点。

01 由于教材的开本尺寸是185×260毫米，设定的书脊宽度为10毫米，再加上四边各保留出血的尺寸是3毫米，所以封面的整体宽度应该是185×2+10+（3×2）=386毫米，高度是260+（3×2）=266毫米。新建一个386×266毫米的文件，将分辨率设置为300像素/英寸，如图11-10所示。

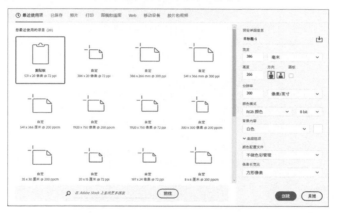

图11-10

02 首先设置出血参考线。执行"视图→新建参考线"命令，在弹出的"新建参考线"对话框中设置"取向"为"垂直"方向，"位置"为"3mm"， 如图11-11所示，单击"确定"按钮就设置好了左侧的出血参考线。按同样的方法设置右侧的出血参考线，将"取向"设置为"垂直"，"位置"为"383mm"。上、下出血参考线设置"取向"为"水平"，"位置"分别为"3mm""263mm"。出血参考线设置好后的效果如图11-12所示。

图11-11

图11-12

03 设置书脊的参考线，将"取向"设置为"垂直"，"位置"分别设置为"188mm"和"198mm"。效果如图11-13所示。

图11-13

04 为了方便图文的排版，还需要给封面添加参考线版面。执行"视图→新建参考线版面"命令，在弹出的"新建参考线版面"对话框中勾选"列"，将相应的"数字"设置为"11"；勾选"行数"，将相应的"数字"设置为"18"；勾选"边距"，将"上""左""下""右"分别设置为"3mm""198mm""3mm"和"3mm"，如图11-14所示。单击"确定"按钮后，参考线版面设置效果如图11-15所示。

图11-14

图11-15

05 选取色值为5e318f的紫色，填充整个背景图层。效果如图11-16所示。

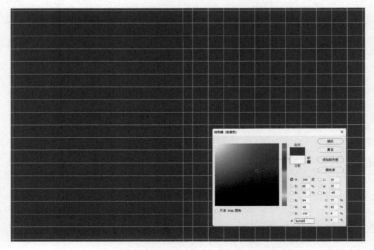

图11-16

06 用横排文字工具在封面上输入书名。因为这书的书名较长，所以可以将其排成两行，将字体设置为方正兰亭粗黑_GBK，英文字号设置为35，中文字号为48。效果如图11-17所示。

07 用横排文字工具输入作者的信息，将字体设置为等线，字号设置为14，颜色色值设置为c6b7d9。效果如图11-18所示。

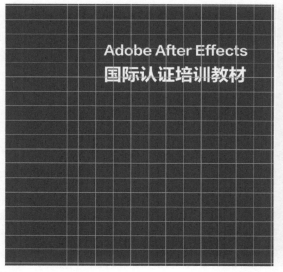

图11-17

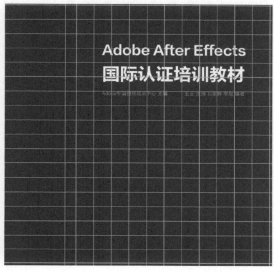

图11-18

08 置入After Effects的软件图标，调整其位置和大小。效果如图11-19所示。

09 用横排文字工具创建段落文字，将准备好的书籍介绍文字复制粘贴到封面上。将其字体设置为等线，字号设置为14，颜色色值设置为c6b7d9，并设置将字体样式设置为Blod。效果如图11-20所示。

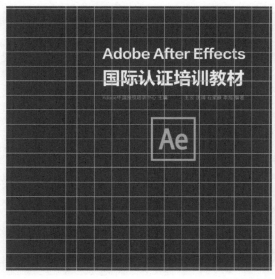

图11-19

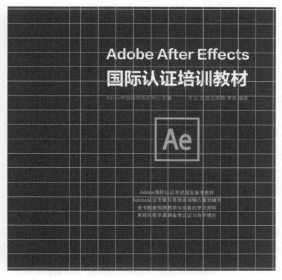

图11-20

10 在底部置入两个单位的图标文件，选中两个图标图层，将它们设置为底对齐，如图11-21所示。

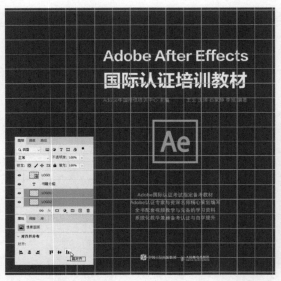

图11-21

11 用符号装饰封面。首先要对符号文件做一些处理。置入一个符号文件，将其大小缩小为原来的40%，再用魔棒工具选中符号的黑色区域。如果需要，可按住【Shift】键选中多个区域。将图层栅格化后，用油漆桶工具给选区填充色值为4d2088的颜色，效果如图11-22所示。符号的颜色应和封面相近，这样符号不会显得突兀，又能起到装饰的效果。

图11-22

12 将处理好的符号移动到参考线的交点处。不用严格对齐，当我们处理好一行符号后，选中所有符号所在的图层，设置"垂直居中对齐"和"水平居中分布"，这样所有符号就排列整齐了，如图11-23所示。需要注意的是，行首和行尾符号的位置非常重要，是对齐的标准，需要将其调整到合适的位置。

13 按同样的方法在封面上所有空白处的参考线交点上放置符号。可以适当重复使用过的符号。为了方便区分，还可以对符号图层进行分组，如图11-24所示。

图11-23

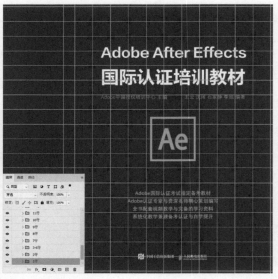

图11-24

14 用矩形工具在书脊参考线之间绘制一个矩形，填充白色，将描边设置为无，作为书脊的背景。效果如图11-25所示。

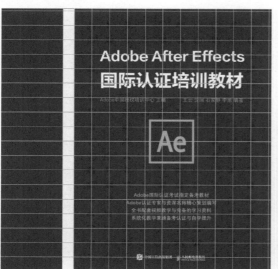

图11-25

15 给书脊添加元素。置入软件图标文件，调整其位置和大小。效果如图11-26所示。

图11-26

16 使用直排文字工具给书脊添加书名，书名顶部和第二条参考线对齐，将字体设置为等线，字号设置为20。效果如图11-27所示。

图11-27

17 从水平标尺上拖曳出一条参考线，和封面上的出版社图标底部对齐。置入书脊用的出版社图标文件，调整其位置和大小，使其底部和封面的出版社图标底部对齐。效果如图11-28所示。

图11-28

18 最后设计封底，将目录放在封底上，一共有9个章节。用矩形工具绘制出高4格的矩形，填充色值为c6b7d9的紫色，将描边设置为无。效果如图11-29所示。

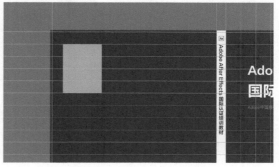

图11-29

19 复制粘贴矩形图层，一共绘制9个矩形，选中它们后设置"垂直居中对齐"和"水平居中分布"，让矩形整齐地排列在封底上。效果如图11-30所示。

图11-30

20 选择椭圆工具，按住【Shift】键绘制一个圆，使用横排文字工具输入数字，调整其位置，将圆和数字组合成序号，放在矩形上以代表章节号，如图11-31所示。

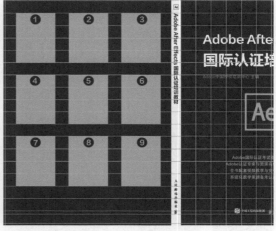

图11-31

21 将准备好的目录文案粘贴到矩形上，将字体设置为等线，章标题的字号设置为8，节标题的字号设置为6，并用直线工具绘制一条颜色色值为5e318f的直线，将章标题和节标题区分开。最后的效果如图11-32所示。

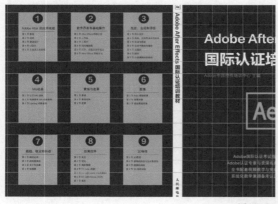

图11-32

22 使用椭圆工具绘制4个小圆和一个大一点的圆，设置"垂直居中对齐"和"水平居中分布"，让这些圆整齐排列。将5个圆的图层合并，组合成一个图形，放在章节之间进行装饰。效果如图11-33所示。在每行的相邻两个章节之间都加上这个图形。

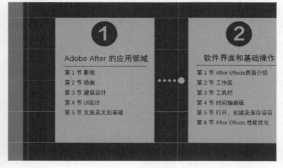

图11-33

23 使用横排文字工具，输入本书的分类建议，将字体设置为等线，字号设置为8，并将字体样式设置为Blod。分类建议的左侧和目录对齐。底部和出版社图标对齐，效果如图11-34所示。

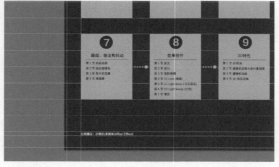

图11-34

24 用矩形工具在封底右下角绘制一个矩形，填充白色，将描边设置为无，底部和出版社图标对齐，右侧和目录对齐。效果如图11-35所示。

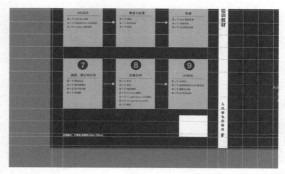

25 置入本书的条码，将其移动到白色矩形上方，效果如图11-36所示。至此，《Adobe After Effects 国际认证培训教材》一书的封面就设计完成了，效果如图11-37所示。

图11-35

图11-36

图11-37

 打开"每日设计"APP，搜索关键词SP081101，即可观看"实战案例：《Adobe After Effects 国际认证培训教材》封面设计"的讲解视频。

第 12 章
户外广告设计

户外广告作为一个与影视、平面、广播并列的媒体，有其鲜明的特性。其最主要的功能是树立品牌形象，其次才是发布产品信息。本章实战案例结合户外广告的特点，讲解如何设计盛峰国际公馆户外广告。在案例制作过程中主要运用了图层蒙版、色彩混合模式等功能。

本章核心知识点：
· 户外广告的特点
· 户外广告的用途
· 户外广告投放方法
· 户外广告分类
· 户外广告设计要素

12.1 户外广告简介

12.1.1 户外广告的特点

户外广告作为一个与影视、平面、广播并列的媒体，有其鲜明的特性。相比于其他媒体，它在"时间"上拥有绝对优势——发布持续、稳定，不像电视、广播一闪即逝；但它在"空间"上处于劣势——受区域视觉限制，视觉范围就这么大，看得见就是看得见，看不见那一点办法也没有。当然，现在候车亭、公交车等网络化分布的媒体已经将这种缺憾进行了相当大的弥补。清楚认识户外广告的优势与局限，有助于分析户外广告的功能。

户外广告最主要的功能是树立品牌形象，其次才是发布产品信息，如图12-1所示。

图12-1

12.1.2 户外广告的用途

① 强化企业形象和在同类企业中的领导地位。

② 提高企业及其旗下产品的公众认知度。

③ 加强企业品牌与旗下产品的联系。

12.1.3 户外广告投放方法

对于不同市场，户外广告的投入力度与方法也不相同。

1. 对于主要目标城市

① 户外广告投放相对较多。

② 在重点地段投放大型广告牌，以强化企业的领导形象及地位。

③ 设置中型广告牌，以加强品牌推广。

④ 以人行道广告推广企业旗下产品，从而提高其认知度。

⑤ 有选择性地利用公交广告宣传品牌/产品。

2. 对于次要目标城市

① 主要以人行道广告方式加强受众对企业产品的认知度。

② 以中型广告牌辅助品牌/产品的宣传，有选择性地利用公交广告宣传品牌。

12.1.4　户外广告分类

不同形式的户外广告，功用差别很大，在选择的时候要特别注意。

1．大型广告牌

① 有利于建立企业形象，并确立其在同类企业中的领导地位。

② 有效地加强受众对品牌的认知度。

2．中型广告牌

① 有助于建立品牌/产品形象。

② 放置于策略性地点，以增加品牌/产品的认知度。

3．人行道灯箱

① 广告信息覆盖面广。

② 以网络形式灵活发布，可准确覆盖目标市场。

③ 暴露频次高，可迅速提高产品的认知度。

④ 可结合旗下不同产品于同一广告中宣传。

4．公交广告

① 广告信息覆盖面在所有户外媒体中最广，有利于渗透各阶层受众。

② 环境会影响广告效果及产品形象，故必须有选择性地投放。

③ 夜间广告效果稍差。

12.2 户外广告设计要素

12.2.1　独特性

户外广告的对象是动态中的行人，行人通过可视的广告形象来接收企业/商品信息，所以户外广告设计要考虑距离、视角、环境3个因素。

在空旷的大广场或人行道上，受众在10米以外的距离，观察高于头部5米的物体比较方便。所以说，设计的第一步要根据距离、视角、环境3个因素来确定广告的位置和大小。

常见的户外广告一般为长方形或方形，在设计时要根据具体环境而定，使户外广告外形与背景协调，产生视觉美感。户外广告的形状不必强求统一，可以多样化，大小也应根据实际空间的大小与环境情况而定。如意大利的路牌不是很大，这与其古老的街道相统一，十分协调。户外广告要着重创造良好的注视效果，因为广告成功的基础是注视的效果。

12.2.2　提示性

由于户外广告的受众是流动着的行人，因此在设计中就要考虑受众经过广告时的位置以及停留的时间。烦琐的画面，行人是不愿意接受的，只有出奇制胜地以简洁的画面和揭示性的形式引起行人注意，才能吸引受众观看广告。

所以户外广告设计要注重提示性，图文并茂，以图像为主导，文字为辅助，使用文字要简单明快，切忌冗长。

12.2.3 简洁性

简洁性是户外广告设计的一个重要原则，整个画面乃至整个设施都应尽可能简洁。设计时要独具匠心，始终坚持在少而精的原则下去冥思苦想，力图给观众留有充分的想象余地。要知道观众对广告宣传的注意值与画面上信息量的多少成反比。

画面形象越繁杂，给观众的感觉越紊乱；画面越单纯，观众的注意值也就越高。这正是简洁性的有效作用。

12.2.4 计划性

成功的户外广告必须同其他广告一样有其严密的计划。

广告设计者没有一定的目标和广告战略，广告设计便失去了指导方向。所以设计者在进行广告创意时，首先要进行一番市场调查、分析和预测，在此基础上制定出广告的图形、语言、色彩、对象、宣传重点和营销战略。

广告一经发布，不仅会在经济上起到先导作用，同时也会作用于意识领域，对现实生活起到潜移默化的作用。因而设计者必须对自己的工作负责，使作品起到积极向上的美育作用。

12.2.5 合理的图形与文案设计

户外广告设计应当遵循图形设计的美学原则。

在户外广告中，图形最能吸引人们的注意力，所以图形设计在户外广告设计中尤其重要。图形可分为广告图形与产品图形两种形态。

广告图形是指与广告主题相关的图形（如人物、动物、植物、器具、环境等），产品图形则是指要推销或介绍的商品图形，为的是重现产品的面貌和风采，使受众看清楚它的外形，了解其内在功能特点，因此在图形设计时要力求简洁、醒目。

图形一般应放在人们的视觉中心位置，这样能有效地抓住观众的视线，引导他们进一步阅读广告文案，激发共鸣。除了图形设计以外，广告中还要配以生动的文案设计，这样才能体现出户外广告的真实性、传播性、说服性和鼓动性的特点。

广告文案在户外广告中的作用十分显著，好的文案能起到画龙点睛的作用。它的设计完全不同于报纸、杂志等媒体的广告文案设计，因为人们在流动状态中不可能有更多时间阅读，所以户外广告的文案应力求简洁有力，一般都是以一句话（主题语）醒目地提醒观众，再附上简短有力的几句随文说明即可。

广告的主题语一般不超过10个字，以七八个字为佳，否则阅读效果会相对降低。一般文案内容分为标题、正文、广告语、随文等几个部分。要尽力做到言简意赅、以一当十、易读易记、风趣幽默、有号召力，这样才能使户外广告富有感染力和生命力。

12.3 实战案例：盛峰国际公馆户外广告

目标设计

· 户外广告设计要点

· 技术实现（Photoshop综合运用）

户外广告设计要点

本实战案例要做的大型户外广告牌是放在高速公路旁的高立柱上的，所以尺寸上横向比较宽。文案没有太多，在设计中把最主要的信息给突显出来即可，如产品名称（盛峰国际公馆）、销售电话、主广告语等。

技术实现

01 新建一个30×9厘米的文件，根据机器配置情况，分辨率可设置为150~300像素/英寸。

提示 大型户外广告的画面由于画幅很大，而且是远距离观看，所以对画面的分辨率要求比较低，一般设置为45~60像素/英寸就可以，甚至可以低至30像素/英寸，实际制作时可根据实际情况与喷绘公司的技术人员进行沟通确认。在Photoshop中设置分辨率为300像素/英寸的情况下，实际最终喷绘尺寸可以达到计算机中文件尺寸的5~10倍。

02 拖入一张牛皮纸素材作为背景图层，按【Ctrl】+【T】快捷键后调整其大小至其平铺整个画面，如图12-2所示。

图12-2

03 拖入城堡素材，调整其大小，如图12-3所示。

图12-3

04 为城堡图层添加图层蒙版。设置前景色为黑色 ■，选择画笔工具，设置合适的直径大小，在城堡图层的蒙版中涂抹，注意将画笔的硬度设置为0％，如图12-4所示。

图12-4

05 拖入背景素材，调整其大小，使其覆盖整个画布，如图12-5所示。

06 设置图层的图层混合模式为"正片叠底"，使其融入背景以增加层次感，如图12-6所示。

图12-5

图12-6

07 使用矩形选框工具选取画布的中间部分，如图12-7所示。

图12-7

08 按【Ctrl】+【Shift】+【I】快捷键进行反选，单击添加图层蒙版，如图12-8所示。

09 拖入绳子素材并将其放在图12-9所示的位置。

图12-8

图12-9

10 按【Ctrl】+【J】快捷键复制绳子图层，然后将复制的绳子放在图12-10所示位置。

图12-10

11 默认情况下图层与图层蒙版是锁定的。单击缩览图中间的链接图标可以解除它们的锁定关系，做到单独移动图层或者蒙版的位置，如图12-11所示。

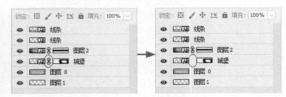

图12-11

12 选择城堡图层蒙版，选取图12-12中的选区。

图12-12

13 填充黑色遮罩住选区内的部分，效果如图12-13所示。

图12-13

14 选择城堡图层，向右移动图的位置，如图12-14所示。

图12-14

15 选择城堡图层蒙版，用画笔工具编辑蒙版，虚化城堡图层的边缘。效果如图12-15所示。

图12-15

16 拖入logo并将其放置在整个画布的左侧，使其与右侧的城堡互相呼应，如图12-16所示。

图12-16

17 为了丰富画面，增加层次感，拖入英文字母素材，如图12-17所示。

图12-17

18 设置图层的图层混合模式为"正片叠底"，叠加在城堡上面。效果如图12-18所示。

图12-18

19 将Word中的地产广告的文字全选并复制。

20 在Photoshop中选择文字工具，并在画布中拖曳生成一个段落文本框。

21 注意事先将字体设置为宋体，字号设置为9~12点，这里选择10点，如图12-19所示。

图12-19

> **提示** 如果不事先设置好字体和字号，粘贴后的文字可能由于Photoshop之前的文本设置过大或者字体过于特殊，显示不完整。

22 按【Ctrl】+【V】快捷键粘贴文字，如图12-20所示。

23 根据设计意图和文字的重要性对文字内容进行拆分。将最重要的文字"城市里属于你的欧式城堡"从原段落里剪切出来，创建新的文字图层并粘贴文字，如图12-21所示。

图12-20

图12-21

24 改变其字体为"方正兰亭黑简体"，文字颜色选用深红色来体现复古大气的感觉，如图12-22所示。

25 将剩余的英文内容作为素材，将其字号缩小为5~6点，改变其字体为"CaslonOldFaceBT"，并设置右对齐调整英文位置，如图12-23所示。

图12-22

图12-23

26 本广告文案内容较少，为丰富画面，可自行添加一些相关的英文单词或者词语，如输入英文单词公馆"RESIDENCE"。

27 将单词的字体设置为"CopperplateGothicBT"，调整字间距和大小，将单词放置于英文小字上面，如图12-24所示。

图12-24

28 为了丰富文字效果,将logo中的"国际公馆"字样剪切过来,作为素材放置到英文字右侧,然后调整颜色及各个文字的位置。效果如图12-25所示。

29 拆分文字,将标题中的"欧式城堡"作为口号拆分出来。将"欧式城堡"的字体设置为"方正正大黑简体",调整字号,将颜色改为棕红色,在不脱离整体色调的基础上加深颜色突出字体。调整文字的位置,将"城市里属于你的"左移,与英文段落右对齐,"欧式城堡"右移。效果如图12-26所示。

图12-25

图12-26

30 给"欧式城堡"设置"图层样式→投影",如图12-27所示。

31 为了突出"欧式城堡"字样,绘制两个线条边框分别置于其左上和右下。为线条添加与"欧式城堡"相同的阴影。效果如图12-28所示。

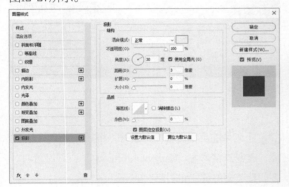

图12-27

图12-28

32 粘贴电话号码并将其放置在画布的右下角。将字体设置为"Otama.ep",为了醒目,尽量选择和背景反差稍大的颜色,如图12-29所示。

33 当出现很多图层的时候,考虑操作上的方便,可以选中所有文字图层,将它们拖曳到图层面板下方的"创建新组"按钮上,即可将它们进行编组;还可修改图层组的名称为"文字层"。具体如图12-30所示。

图12-29

图12-30

34 继续丰富画面的内容，将邮票素材拖入画布，设置图层的色彩混合模式为"颜色加深"，效果如图12-31所示。

35 拖入欧式风格的雕像素材，调整其大小以及倾斜程度，将其放置在偏左侧的位置，将logo与画面分隔开并为整体增加层次感，如图12-32所示。

图12-31

图12-32

36 拖入红色的丝带素材并将其放至图层最上面，置于画布左下角，效果如图12-33所示。

37 为了使画面平衡，复制并翻转红色丝带，将其放置于右上角，使其与左下的丝带相互呼应。最终效果如图12-34所示。

图12-33

图12-34

 打开"每日设计"APP，搜索关键词SP081201，即可观看"实战案例：盛峰国际公馆户外广告"的讲解视频。

第 13 章
包装设计

包装是品牌理念、商品特性、消费心理的综合反映，它直接影响到消费者的购买欲，是拉近商品与消费者之间距离的有力手段。包装在生产、流通、销售和消费领域发挥着重要的作用，是企业、设计师关注的重要课题。本章将带领读者使用Photoshop 2022制作一张典型的商品包装效果图，使读者掌握包装效果图的结构层次和制作流程。

本章核心知识点：
· 包装设计简介
· 构图要素

13.1 包装设计简介

在经济全球化的今天，包装与商品已融为一体。包装的功能包括保护商品、传达商品信息、方便使用、方便运输、促进销售、提高商品附加值等。

包装作为一门综合性学科，具有商品和艺术相结合的双重性，如图13-1所示。

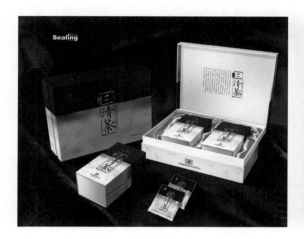

图13-1

13.1.1 构成要素

包装设计是指选用合适的包装材料，运用巧妙的工艺手段，为包装商品进行的容器结构造型和包装的美化装饰设计。

13.1.2 外形要素

外形要素就是商品包装展示面的外形，包括展示面的大小、尺寸和形状。日常生活中的包装形态主要有3种，即自然形态、人造形态和偶发形态。但在研究产品的形态构成时，必须找到一种适用于任何性质的形态，即把共同的规律性的东西抽出来，这种形态被称为抽象形态。形态构成就是外形要素，或称为形态要素，是以一定的方法、法则构成的千变万化的形态。形态是由点、线、面、体这几种要素构成的。

包装的形态主要有圆柱体类、长方体类、圆锥体类等各种形态，以及有关形态的组合，还有因不同切割方式构成的各种形态包装。形态构成的新颖性对消费者的视觉引导起着十分重要的作用，奇特的视觉形态能给消费者留下深刻的印象。包装设计者必须熟悉形态要素本身的特性，并以此作为表现形式美的素材，如图13-2所示。

图13-2

在考虑包装设计的外形要素时，还必须从形式美法则的角度去认识它。按照包装设计的形式美法则，结合商品自身功能的特点，将各种因素有机、自然地结合起来，以求得完美统一的设计形象。

包装外形要素的形式美法则如下。

① 对称与均衡法则；

② 安定与轻巧法则；

③ 对比与调和法则；

④ 重复与呼应法则；

⑤ 节奏与韵律法则；

⑥ 比拟与联想法则；

⑦ 比例与尺度法则；

⑧ 统一与变化法则。

13.2 构图要素

构图是将商品包装的商标、图形、文字组合排列在一起的完整画面，这些构成了包装的整体效果。商品包装设计中，若作品的构图要素（商标、图形、文字和色彩）运用得正确、适当、美观，那么这个作品就可称为优秀的设计作品。

13.2.1 商标设计

商标是一种符号，也是企业、机构、商品和各项设施的象征性形象，它涉及政治、经济、法制以及艺术等各个领域。商标的特点是由它的功能、形式决定的。它将丰富的内容以简洁、概括的形式，在相对较小的空间里表现出来，同时需要观众在较短的时间内理解其内在含义。

商标一般可分为文字商标、图形商标以及文字与图形相结合的商标3种形式。成功的商标设计，应该是创意与表现有机结合的产物。创意是根据设计要求，对某种理念进行综合分析、归纳、概括，通过富有哲理的思考，化抽象为形象，将设计概念由抽象的评议表现逐步转化为具体的形象设计，如图13-3所示。

图13-3

13.2.2 图形设计

包装中的图形主要指商品的形象和其他辅助装饰形象等。图形作为设计的语言，要把形象的内在和外在的构成因素表现出来，以视觉形象的形式把信息传达给消费者。要达到此目的，图形设计的定位准确是非常关键的。

定位的过程即熟悉商品全部内容的过程，包括商品的商标、品名的含义及同类商品的现状等诸多因素都要加以熟悉和研究。

根据表现形式，图形可分为实物图形和装饰图形。

1. 实物图形

实物图形采用绘画手法、摄影写真等来表现。绘画是包装设计的主要表现形式，根据包装整体构思的需要绘制画面，为商品服务。

与摄影写真相比，绘画具有取舍、提炼和概括自由等特点。绘画手法直观性强，欣赏趣味浓，是宣传、美化、推销商品的一种手段。然而，商品包装的商业性决定了其设计应突出表现商品的真实形象，要给消费者直观的印象，所以用摄影作品表现真实、直观的视觉形象是包装设计的最佳表现手法，如图13-4所示。

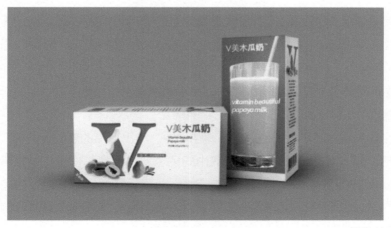

图13-4

2. 装饰图形

装饰图形分为具象和抽象两种表现手法。具象的人物、风景、动物或植物的纹样作为包装的象征性图形可用来表现包装的内容物及属性。

抽象的手法多用于写意，采用抽象的点、线、面的几何形纹样、色块或肌理效果构成画面，简练、醒目，具有形式感，也是包装设计的主要表现手法。通常，具象形态与抽象表现手法在包装设计中并非孤立的，而是相互结合的。

内容和形式的辩证统一是图形设计中的普遍规律。在设计过程中，根据图形内容的需要，选择相应的图形表现技法，使图形设计达到形式和内容的统一，创造出反映时代精神、民族风貌的适用、经济、美观的包装设计作品是对包装设计者的基本要求，如图13-5所示。

图13-5

13.2.3 色彩设计

色彩设计在包装设计中占据重要的位置。色彩是美化和突出商品的重要因素。包装色彩的运用是与整个画面设计的构思、构图紧密联系的。包装色彩要求平面化、匀整化，这是对色彩的过滤、提炼的高度概括。以人们的联想和色彩的使用习惯为依据，进行高度的夸张和变色是包装艺术的一种表现手法。同时，包装的色彩还必须受到工艺、材料、用途和销售地区等的限制。

包装设计中的色彩要求醒目，对比强烈，有较强的吸引力和竞争力，以唤起消费者的购买欲望，促进销售。

例如，食品类常用鲜明丰富的色调，以暖色为主，突出食品的新鲜、营养和味觉；医药类常用单纯的冷暖色调；化妆品类常用柔和的中间色调；小五金、机械工具类常用蓝、黑及其他沉着的色块，以表示坚实、精密和耐用的特点；儿童玩具类常用鲜艳夺目的纯色和冷暖对比强烈的各种色块，以符合儿童的心理和爱好；体育用品类多采用色彩鲜明的色块，以增加活跃、运动的感觉。由此可见，不同的商品有不同的特点与属性。

设计师要研究消费者的习惯和爱好，以及国内外流行色的变化趋势，以不断增强色彩的社会学和消费者心理学意识，如图13-6所示。

图13-6

13.2.4 文字设计

文字是传达思想、交流感情和信息，表达某一主题内容的符号。商品包装上的牌号、品名、说明文字、广告文字以及生产厂家、公司或经销单位等，反映了包装的本质内容。设计包装时必须把这些文字作为包装整体设计的一部分来统筹考虑。

包装设计中的文字设计的要点如下：文字内容要简明、真实、生动、易读、易记；字体设计应反映商品的特点、性质、独特性，并具备良好的识别性和审美功能；文字的编排与包装的整体设计风格应和谐，如图13-7所示。

图13-7

13.3 实战案例：兰博咖啡包装设计效果图

目标设计

· 技术实现（Photoshop综合运用）

技术实现

下面使用Photoshop制作一张典型的产品包装效果图，使读者掌握包装效果图的结构层次和制作流程。

01 打开已经做好的包装设计平面展开图，如图13-8所示。

02 按【Ctrl】+【R】快捷键，打开标尺，然后使用移动工具将标尺中的参考线拖曳到画布中。根据包装设计的结构，参考线用于将展开图划分成不同的面，如图13-9所示。

图13-8

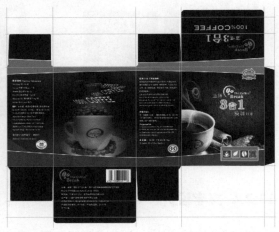

图13-9

03 执行"视图→对齐"命令，然后使用矩形选框工具框选包装盒的正面，如图13-10所示。

04 执行"编辑→合并拷贝"命令。新建一个文件，参数设置如图13-11所示。

图13-11

图13-10

05 按【Ctrl】+【V】快捷键得到一个包装盒正面的图层，如图13-12所示。

图13-12

06 同理，在平面展开图中选择包装盒的侧面，如图13-13所示，然后执行"编辑→合并拷贝"命令。

图13-13

07 在新建的文件中按【Ctrl】+【V】快捷键将其粘贴为一个新的图层，如图13-14所示。

图13-14

08 同理，得到包装盒顶部的图层，如图13-15所示。

图13-15

09 选择包装盒正面的图层，按【Ctrl】+【T】快捷键，先将其进行横向压缩，如图13-16所示。

图13-16

10 按住【Ctrl】键的同时向上拖曳变换框右边中间的控制点将其进行斜切，如图13-17所示。

图13-17

11 按住【Ctrl】键的同时向左上方拖曳变换框右边下面的控制点对其进行扭曲变形。注意拖曳的幅度不要太大，只要适当出现三点透视的感觉即可，如图13-18所示。

图13-18

12 同理，对包装盒的侧面进行变形处理，效果如图13-19所示。

图13-19

14 选中主要的3个图层，然后调整它们的大小，如图13-21所示。

图13-21

16 选中侧面的图层，按【Ctrl】+【U】快捷键降低其明度，如图13-23所示。

图13-23

13 对包装盒的顶部图层进行变形，按【Ctrl】+【T】快捷键后按住【Ctrl】键的同时拖曳控制点进行扭曲变形，注意效果要达到给人透视的感觉，如图13-20所示。

图13-20

15 接下来对3个面的亮度进行调整，目的是分离受光面和背光面。先选中正面的图层，然后按【Ctrl】+【L】快捷键将其调亮，如图13-22所示。

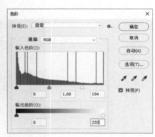

图13-22

17 下面为画面建立一个渐变的效果。首先使用渐变工具调整出一个棕灰色的渐变条，如图13-24所示。

图13-24

18 在背景层上拉出渐变的效果，如图13-25所示。

19 为了丰富背景的效果，可考虑新建一个图层，为其填充渐变效果，如图13-26所示。

图13-25

图13-26

20 尝试改变当前渐变图层的模式和不透明度，得到混合之后的有更多颜色变化的背景，如图13-27所示。

21 选择包装盒正面的图层，按【Ctrl】+【J】快捷键进行复制，然后按【Ctrl】+【T】快捷键后，将其进行垂直翻转，如图13-28所示。

图13-27

图13-28

22 按住【Ctrl】键的同时继续拖曳控制点的位置，对图层进行斜切和变形，如图13-29所示。

23 降低图层不透明度，得到一个倒影，效果如图13-30所示。

图13-29

图13-30

24 同理，对侧面的图层进行复制→翻转→变形→降低不透明度的操作，效果如图13-31所示。

图13-31

25 为包装盒正面的倒影图层添加一个蒙版，如图13-32所示。

图13-32

26 在蒙版上创建从黑到白的渐变色，注意黑在下、白在上，这样得到一个渐隐的倒影，效果如图13-33所示。

图13-33

27 同理，使用蒙版为侧面的倒影图层添加渐隐的效果，如图13-34所示。

图13-34

28 新建一个图层，使用多边形套索工具创建一个选区，如图13-35所示。

29 设置从黑到透明的渐变，如图13-36所示。

30 在新建图层上拉出一个渐变的投影，效果如图13-37所示。然后按【Ctrl】+【D】快捷键取消选区。

图13-35

图13-36

图13-37

31 使用多边形套索工具选择图13-38所示的投影的尾部区域。

图13-38

32 对其进行羽化，如图13-39所示。

图13-39

33 执行"滤镜→模糊→高斯模糊"命令对其进行模糊处理，得到更加真实的阴影效果，如图13-40所示。

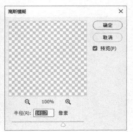

图13-40

34 按【Ctrl】+【D】快捷键取消选区，并适当降低其不透明度，如图13-41所示。

图13-41

35 新建一个图层，使用矩形选框工具创建如图13-42所示的选区。

图13-42

36 在选区中填充黑色，注意它的位置要出现在包装盒的外围，好像被压住的投影，如图13-43所示。

图13-43

37 新建一个图层，注意其位置在所有图层的最上方，然后创建一个圆形的选框，如图13-44所示。

图13-44

38 为其填充从白色到透明的中心渐变，如图13-45所示。然后按【Ctrl】+【D】快捷键取消选区。

图13-45

39 按【Ctrl】+【T】快捷键后，将其进行横向压缩，如图13-46所示。

图13-46

40 将其放到包装盒正面和侧面交界的地方，得到纸盒转角处高光的效果，如图13-47所示。

图13-47

41 复制一个新的图层，按【Ctrl】+【T】快捷键后，对其进行旋转和缩放，并将其放到图13-48所示的位置。

图13-48

42 同理，得到另一个盒子交界处的高光效果，如图13-49所示。

图13-49

43 适当降低这几个高光层的不透明度，效果如图13-50所示。

图13-50

44 下面对盒子的侧面图层进行亮度上的调整。目的是让盒子的背光面（侧面）出现一定的反光。先选中盒子的侧面图层，然后使用矩形选框工具创建图13-51所示的选区。

图13-51

45 对其进行羽化，然后按【Ctrl】+【M】快捷键将其调亮，效果如图13-52所示。

图13-52

46 新建一个图层，创建图13-53所示的选区。

图13-53

47 对其进行羽化，效果如图13-54所示。

图13-54

48 在选区中填充黑色，效果如图13-55所示。

图13-55

图13-56

49 降低其不透明度，如图13-56所示。

50 选中最上面的图层，然后创建一个曲线调整图层，增强整个画面的对比度，如图13-57所示。

51 按【Ctrl】+【Shift】+【Alt】+【E】快捷键盖印出一个位于最上方的新图层，如图13-58所示。

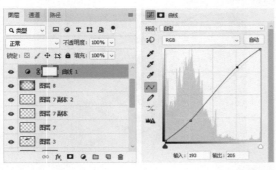

图13-57

图13-58

52 按【Ctrl】+【J】快捷键将其复制，然后执行"滤镜→模糊→镜头模糊"命令为复制的图层创建一个模糊的效果，如图13-59所示。

53 为其添加一个蒙版，如图13-60所示。

图13-59

图13-60

54 使用从黑到白的渐变填充蒙版。注意黑色在中间，白色在外面。另外黑色的起点位置是包装盒在透视结构上位于视觉最前端的交界点的位置。这样可以得到一个模仿摄影技术中景深的效果，如图13-61所示。

55 调整后的效果如图13-62所示。

图13-61

图13-62

 打开"每日设计"APP，搜索关键词SP081301，即可观看"实战案例：兰博咖啡包装设计效果图"的讲解视频。